제 주 에 서 1 년 살 아 보 기

제주에서 1년 살아보기
네, 지금 행복합니다

초판 1쇄 발행일 2015년 4월 10일
초판 2쇄 발행일 2015년 9월 10일

지은이 박선정
펴낸이 허주영
펴낸곳 미니멈
디자인 황윤정

주소 서울시 종로구 부암동 332-19
전화 · 팩스 02-6085-3730 / 02-3142-8407
등록번호 제 204-91-55459

ISBN 978-89-964173-6-1 13980

가격은 뒤표지에 있습니다.
잘못된 책은 바꾸어 드립니다.

minimum

제주에서 1년 살아보기

네, 지금 행복합니다

박선정 지음

추천사

그 기억으로 행복하리라

〈제주에서 1년 살아보기〉.

내가 '제주 버킷리스트'라는 주제로 책을 쓸 때 독자에게 제주도에서 한번쯤 해보기를 권했던 것 중 하나다. 하지만 현실은 그렇게 녹록치 않다는 것을 잘 알고 있었다. 이 팍팍한 대한민국 국민 가운데 제주에서 1년 동안 살 시간을 낼 수 있는 사람이 얼마나 될까? 또 그 시간을 낼 수 있다고는 해도 1년 동안의 생활비를 감당할 수 있을 정도로 여유 있는 사람은 또 얼마나 될까?

비록 버킷리스트에 써넣기는 했지만, 현실에서 이루기 쉽지 않은 목표일 수밖에 없다고 생각했다. 하지만 그렇기 때문에 버킷리스트 목록에 넣은 것이다. 버킷리스트란 현실에서 이루기 힘든 것도 꿈꾸게 하는 법이니까.

그래도 제주에서 1년 살아보기 프로젝트를 실제로 실행해본 사람들이 있다. 그 중 한 사람이 이 책을 쓴 박선정 씨다. '썬'이라는 닉네임으로 운영하는 다음 블로그를 통해서 그가 제주를 자주 여행하고 있다는 것을 알고 있었다. 몇 번쯤은 내가 운영하는 카페에 찾아와서 커피를 마시고 제주도 이야기를 나누기도 했다. 그때는 당시 한창 열풍이던 올레길을 걷고 여행하는 걸 좋아하는 분이라고만 생각했다. 그런데 얼마 지나지 않아서 제주에 아파트를 구했다는 소식이 들렸다. 내 책을 보고 용기를 얻어 1년 동안 제주에서 살아보기를 시작한다는 것이다.

나는 곧 제주를 떠나 꽤 긴 여행을 해야 했기 때문에 막상 그녀가 제주에서 생활하는 데 큰 도움을 주지는 못했다. 가끔 블로그에서 그녀의 제주 생활을 살짝 엿보고는 했는데, 생각한 것보다 훨씬 더 씩씩하게 잘사는 것 같았다.

그런데 얼마 전에 〈제주에서 1년 살아보기〉에 대한 원고를 썼다는 연락이 왔다. 역시 씩씩하다. 원고를 읽어보라고 이메일로 보내줬는데 앞부분을 읽다보니 어느 새 끝까지 다 읽어버렸다.

제주에서 한번 살아볼까? 라는 생각은 제주에 여행 왔다가 제주의 매력을 알게 된 사람이라면 누구나 한번쯤 해본다. 여기까지는 모두가 비슷하다. 하지만 이 책에서는 그 생각을 실천하겠다는 그녀의 결심, 그리고 그 결심 이후 실행에 필요한 실질적인 도움까지 담았다. 마음에 드는 집을 찾는 과정과 계약, 리모델링, 이사하기와 같이 현실에서 맞닥뜨릴 수밖에 없는 상황에 필요한 경험과 정보를 주고 있다.

그녀는 제주로 이사하고 난 후 바로 제주를 제대로 즐기기 시작한다. 제주도의 유명 관광지를 하나하나 돌아다니는 '관광객'이 아니라, 제주도에 사는 '도민'으로서! 아파트 주변을 산책하다가 바다로 나가고, 벚꽃 나들이를 하다가 집 근처 4 · 3 유적지에서 제주의 아픔을 가슴에 새긴다. 봄이면 흐드러지게 피었다가 툭툭 꽃봉오리째 떨어지는 동백꽃을 바라보는 마음도 예전 같지 않다.
그녀는 제주에 살면서 그녀만의 특별한 작업을 한다. 마음에 드는 장소에서 그림을 그리기 시작한 것이다. 매번 같은 장소를 찾아가서 그림을 그리고, 다시 반복해 찾아가서 또 그림을 그린다. 제주도는 그런 곳이다. 같은 장소라도 시간과 계절에 따라 전혀 다른 느낌을 주는 곳. 그냥 스쳐 지날 때는 잘 모른다. 가만히 기다리면서 멈춰있으면 순간순간 전혀 다른 모습으로의 변신을 목격할 수 있다.
그녀는 소소하지만 특별한 제주의 일상을 이야기한다. 시간 날 때마다 사려니숲길을 산책하고 오름에 오른다. 그러다가 발을 다쳐 깁스를 했는데도 한여름에 '멋진 부츠'를 장만했다면서 자족한다.

우리 인생은 언제나 특별할 수 있다. 물론 꼭 제주도에 살아야만 느낄 수 있는 건 아니다. 하지만 제주도라는 섬은 사소하고 소박한 일상조차도 뭔가 특별하게 느낄 수 있는 감수성을 선물해준다.
그녀는 처음 1년 만 제주에서 살아보기로 하고 제주로 내려갔다가 아직도 제주에서 버티고 있다. 그녀가 앞으로 제주에서 살아보기 프로젝트를 마무리하고 다시 육지로 나올지, 아니면 쭉 제주에서 살아갈지, 나는 잘 모른다. 하지만 그녀의 인생의 가장 중요한 어느 시기에 제주에서 살았다는 것이 그녀를 참 행복하게 해주리라는 것은 안다. 나또한 그와 비슷한 경험을 해보았으니까.

유목민처럼 떠도는 인생을 살고 있는 내게 지금 제일 부러운 사람은 바로 이 책의 저자 썬, 선정 씨다.

이담(커피 여행자)

Prologue

플랜맨의 변신

"손님, 손님이 예약한 항공기가 1시간 지연 출발한다는 연락 못 받으셨습니까?"

"아뇨. 그런 연락 못 받았는데요."

"불편을 끼쳐드려 대단히 죄송합니다. 선행편 항공기 연결 지연으로 정시보다 많이 늦어지게 되었습니다."

뭐야? 툭하면 항공기 연결 관계로 지연 출발한다지. 어느덧 1년 넘게 한 달에 서너 번은 항공기를 이용하고 있는데, 정시 출발은 20~30%밖에 되지 않을 정도다. 예전 같았으면 계획에 어긋난 내 금쪽같은 시간을 항변하며 공항 직원하고 실랑이라도 벌였을 텐데, 이제는 '그럼 기다리는 동안 뭐하지?' 쿨하게 받아들인다.

항공기 출발 30분 전까지 수속을 완료해야 하므로, 늘 1시간 일찍 도착해서 대기하는 습관이 있는데 이렇게 지연될 경우 두어 시간 가깝게 터미널에서 기다려야 한다. 한산한 벤치를 찾아 앉아 스마트폰으로 영화를 본다. 공항에서 킬링 타임용으로 보기에는 심각하지 않고 가벼운 로코물이 제격이다.

〈플랜맨〉? 코미디 장르 리스트를 검색하다 보니 '플랜맨'이라는 영화 제목이 독특해 플레이해본다.

"전 모든 일에 계획을 세우고 알람을 맞춥니다. 그게 이상한가요? 성실한 거지."

철두철미한 시간관념을 가진 주인공 한정석, 그는 정확한 계획과 실천을 목숨보다 소중히 여긴다.

6 : 00 기상 알람에 눈을 뜨고,

6 : 35 샤워 알람에 샤워하고,

8 : 00 옷 입기 알람에 옷을 입고,

8 : 30 출근 알람에 집을 나서고,

12 : 15 점심 알람에 편의점 들러 점심을 사고….

그는 제 시각에 정확히 할일 다하는 알람처럼 모든 일에 계획을 세우고 정확하게 실행한다. 때문에 예측 불가능한 일이 발생했거나 무질서한 것을 보면 견디기 힘들어한다. 더러운 것은 절대 만지지 못하고, 어떤 물건이든 가지런히 정리 정돈되지 않은 것을 보면 발작에 가까운 반응을 보인다. 영화 속 한정석의 모습이 조금 과하게 설정되어 있긴 해도 왠지 낯설지가 않다. 어느새 내 관념의 시간은 타임머신을 타고 과거의 시간 속에 서성거리고 있다.

우리 회사 출근 시각은 9시 30분.

6 : 00 굿모닝 기상.

6 : 30 집에서 출발.

6 : 30~7 : 00 드라이브하며 〈이근철의 굿모닝 팝스〉 듣기.

7 : 10~8 : 00 스포츠센터에서 운동하기, 사이클 타면서 20분간 독서로 마무리.

8 : 00~8 : 40 출근 준비하기.

8 : 40~9 : 00 출근길에 차 안에서 과일 도시락 먹기.

9 : 00~9 : 30 출근 완료, 오늘의 업무 준비하기.

이 스케줄은 몇 년 전 내가 직장 다닐 때의 출근 3시간 전 모닝 계획표였다. 출근 전 아침시간을 알차게, 하루를 두 배로 즐기는 방법이라고 스스로 기특해하며 실행했다. 영화 속 플랜맨처럼은 아니지만, 잠시도 계획 없는 시간을 허용하지 못했으니 나 또한 지독한 플랜맨이었던 셈이다.

새해 계획을 세우지 않으면 절대 한 해를 시작할 수 없었고, 매월, 매일 미리 세워둔 계획대로 움직여야 속이 편했던 시절. 출근할 때도, 일할 때도, 친구 만날 때도, 여행 떠날 때도, 옷을 입을 때도, 마켓에 갈 때도 소소한 일상의 모든 것이 계획 안에서 움직여야 했고, 무계획과 무작정의 시간을 허용하지 못했다.

그런데 영화 속 플랜맨이 서서히 변한다. 사람은 변하는 게 제일 어렵고, 쉽게 변하면 인간이 아니라 변신괴물이라고 말하는 여주인공의 말에 항변이라도 하듯 주인공 한정석은 자신에게 일어나는 예측불허의 시간들을 하나둘 허용하며 서서히 적응해간다.
물론 영화니까, 시나리오상 술술 풀려나가는 탓도 있겠지만, 나 또한 플랜맨 같은 삶을 살다 지금은 무계획과 무작정이 공존하는 시간을 어렵지 않게 보내고 있다.

"지금부터 OZ8965편 제주행 항공기 탑승을 시작하겠습니다. 몸이 불편하신 분이나 유아를 동반한 손님께서는 먼저 탑승해주십시오."
영화를 보고 있노라니 두 시간의 기다림이 훌쩍 지나간다. 예정보다 제주공항에 1시간 늦게 도착하겠지만, 특별한 계획이 없으므로 마음은 느긋하다. 무계획, 과거 나에게는 상상조차 할 수 없는 일이었다. 지금도 여전히 플랜맨의 기질을 버리지 못했지만, 예전처럼 분 단위까지 계획했던 치밀함을 버렸고, 종종 플랜 없는 하루를 보내는 일 또한 가능해졌다. 때문에 늘 반복되는 항공기 지연 출발에도 관대해지고, 갑자기 발생되는 잉여 시간도 크게 당황하지 않고 즐길 수 있게 되었다. 무엇이 나를 이렇게 변화시켰을까?

어느 해 봄날 아침, 업무 미팅 시간에 회의용 테이블에 놓인 생소한 휴가신청서.
'뭐지? 여름이 되려면 한참 남았는데, 이른 봄에 갑자기 웬 휴가신청서람?'
공문을 읽어보니 올해부터 안식휴가제 도입으로 여름휴가와는 별개로 상반기에 5일, 하반기에 5일 이상을 의무적으로 사용하라고 한다. 게다가 연속해서 4일을 신청하면 하루 보너스 휴가까지 챙겨주겠다고 하니, 결국 한 번 떠날 때 일주일 연속해서 사용하라는 의미다. 전주 금요일부터 휴가를 내면 총 10일을 사용할 수 있게 된 셈이다.

그런데 다들 시큰둥한 표정이다. 휴가를 가라는데 가고 싶지 않은 사람이 어디 있겠는가? 하지만 요즘처럼 바쁜 시기에는 단 하루 월차 내는 것도 쉽지 않고, 그마저도 상사 눈치 보느라 어렵다. 게다가 이번 안식휴가제 도입은 직원 복지 차원에서라기보다는 연차수당 경비를 절감하겠다는 회사의 꼼수 때문에 내키지 않은 거였다. 회사 입장에서는 몇 백 명이나 되는 직원의 연차수당을 한꺼번에 정산해주려니 아까운 생각이 들었을 터. 결국 회사가 발 벗고 상반기 시작부터 휴가를 종용하고 나선 것이다. 공문 끝자락에는 휴가신청을 하는데 눈치 주는 상사가 있으면 문책하겠다는 문구와 함께 직급이 높은 사람부터 솔선수범하여 신청하라고 덧

붙인 걸 보니 회사 입장이 꽤나 강경해 보인다.
어쩔 수 없이 전 직원이 예외 없이 회사의 방침을 따라야 했고, 한 해 두 해 우리의 연차 수당이 줄어드는 대신, 달콤한 휴가 계획이 하나둘 생겨나는 몇 해를 보내게 되었다.
당시 내가 가장 힘든 일이 아무 것도 하지 않고 시간을 보내는 거였는데, 회사가 강요하는 휴가를 두세 번 사용하다 보니, 여유와 쉼의 매력을 느끼게 되었고, 서서히 여행의 맛에 빠지게 되었다.
지금 생각해보면 회사에서 도입한 안식휴가 정책에 참으로 감사할 일이다. 나에게 쉼의 기쁨과 여행의 행복을 느끼게 해주었고, 미래를 설계하는 단초가 되는 시간을 제공해주었으니 말이다.

어느새 비행기는 제주공항 활주로에 착륙 준비를 한다.
파란 하늘에 하얀 구름이 두둥실, 꼬맹이들 스케치북에 담길 법한 그림 같은 풍경이 펼쳐진다. 공항 주차장에서 얌전히 기다리고 있는 내 차에 시동을 걸어 해안선을 따라 동쪽으로 달려본다. 향긋한 바다 내음이 열린 창문으로 한가득 들어온다. 며칠간 도시에서 쌓인 피로가 말끔히 사라지는 순간이다. 벌써 제주에서 1년 넘게 머물고 있지만, 아직도 제주에서의 머묾은 하루하루가 새롭고 휴가처럼 상큼 달콤하다. 1년 전, 짐을 꾸려 제주에 내려올 때만 해도 수많은 계획으로 긴장하며 날이 서 있었는데, 제주에서의 머묾이 나를 참 많이 변화시키고 있다.

JEJU INT'L AIRPORT

목차

CONTENTS

추천사

Prologue

PART 1 DREAM

나는 이제 다른 꿈을 꾸기로 했다

PART 2 JEJUHOLIC

내겐 너무 특별한 제주, 제주앓이가 깊어지다

PART 3 ACTION

두근두근 제주로 떠날 준비를 하다

PART 4
HAPPINESS

제주라서
참 행복하다

SPRING

SUMMER

A U T U M N

W I N T E R

Epilogue

D R E A M

PART 1

나는 이제 다른 꿈을 꾸기로 했다

D-1,790 제주로 떠나기 1,790일 전

VISIONING

새벽 5시 40분, 알람시계처럼 눈이 번쩍 떠진다. 오늘부터 휴가라서 여유 있게 늦잠을 자도 무방하건만 눈이 말똥말똥. 회사에 두고 온 산더미처럼 쌓인 일이 머릿속을 온통 헝클어 놓으니 아무리 잠을 더 청해보려 해도 의식은 더욱더 선명해진다.

'알았어, 알았다고. 그렇게 걱정이 되면 출근해봐야지 어쩌겠어.'

벌써 장마는 아닐 테고, 웬 봄비가 이렇게도 많이 퍼붓는담. 어둠이 서서히 걷히고 있는 한산한 도로에는 앞을 분간할 수 없을 만큼 빗줄기가 세차게 내리치고, 쉴 새 없이 와이퍼를 움직여보지만 역부족이다. 다행히 엉금엉금 기어왔는데도 사무실에 도착하니 6시 40분, 아무도 없는 캄캄한 사무실. 전날 퇴근하면서 업무 점검을 모두 마쳤지만 다시 한 번 8일이라는 기나긴 공백 기간 동안의 업무 점검을 마치고, 동료 몇 사람에게 짧은 메시지까지 남겨놓고서야 사무실을 빠져 나온다. 비가 더욱 세차게 내리니 집으로 돌아가는 길이 만만치 않을 것 같다.

내일이면 모처럼의 긴긴 여행을 떠나는데, 왜 이렇게 마음이 홀가분하지도, 기쁘지도 않은 걸까?

요즘 조직 개편에, 인사 발표에, 자리 이동까지 회사가 시끌벅적하다. 이번 인사 작업의 대상도 본사 스텝이 타깃이 되었다. 팀장급 0명, 과장급 00명, 대리급 00명, 일반 사무여직원 00명. 1년에 두 번 정도 이렇게 일정 비율로 조직원을 정리하는데, 2주 전부터 시작해서 지난주까지 쑥덕쑥덕, 회사 분위기가 말이 아니었다.

해마다 떠나는 자와 남는 자가 생긴다. 근로자를 대상으로 부당해고나 강제 퇴사를 시킬 수가 없기 때문에 슬림화 작업의 타깃이 되는 사람은 현장으로 발령 배치된다. 그렇게 하여 스스로 사직하거나 퇴사 합의를 유도한다. 특히 이 기간에 퇴직하는 사람에게는 특혜를 주기도 한다. 그런 가운데 소리 없이 눈물을 훔치는 동료들이 있어 안타깝다. 그 눈물을 보면서 어쩌면 몇 개월 후 내가 흘리게 될 눈물이 될지도 모른다는 생각이 드니 씁쓸하고 서글프다.

우리 부서에 1년 동안 아무 일도 하지 않고 출퇴근만 하는 사람이 있다. 그 사람은 늘 조심스럽게 출근했다가, 소리 없이 머물다가, 쓸쓸하게 퇴근한다. 사직권고 처리 대상이지만 자진 퇴사를 하면 실업급여도 받을 수가 없고, 마흔이 넘은 나이에 처자식이 있는 몸이라 섣불리 사직서도 내지 못하고 그리 버티는 것이리라.

어떤 회의에도 참석하지 못하고, 어떤 일도 하지 못하고, 다른 부서에서 온 사람이라 낯설어서 반기는 사람도 없다. 아마도 그 사람에게는 하루하루가 1년보다 더 길게 느껴질 것이고 지옥 같을 것이다. 회사로서도 어쩔 수 없는 일이겠지만 참으로 잔인하고 냉정한 현실이다.

이런 저런 이유 때문에 해마다 인사 발표가 있을 때면 회사에 남게 된다는 게 싫어진다. 이럴 때 자신 있게 사직서 내는 사람이 부럽기도 하고, 어쩔 수 없이 떠나야 하는 사람에게 미안해서 굳건히 자리 보존하고 남는 입장이 그다지 기쁘지만은 않다.

이 와중에 여행을 떠나야 하니 흥겨울 수가 없는 것이다. 회사가 휴가 가라고 강요해서 미리 신청해둔 일정이라 변경할 수도 없는 데다가 마침 살벌한 분위기의 사무실을 며칠이라도 피해 도망가고픈 생각이 절실했던 터라 떠나긴 하지만 마음이 무겁다.

몇 시쯤 되었을까? 눈을 떴는데도 온통 깜깜하다. 가만, 여기가 어디지? 베트남 사파SAPA 뱀부호텔 505호. 맞아, 어제 저녁에 체크인하고 어찌나 피곤했던지 바로 곯아떨어졌지. 모처럼 숙면을 취한 덕분에 머릿속이 개운하다. 분명 아침이 되었을 거야. 비틀비틀 테라스 쪽으로 걸어가 커튼을 젖히니 이른 아침의 기운이 유리창 가득 스며들어온다.

우와~!! 눈앞에 펼쳐진 풍광에 소름이 돋는다. 해발 1,600m 고산 지대답게 겹겹이 이어진 고산의 능선이 병풍처럼 펼쳐져 있고 중턱에는 운무가 가득하다. 옷을 주섬주섬 챙겨 입고 테라스로 나가니 신선한 아침 공기가 폐부 깊숙이 스며든다. 이제 막 동이 텄나 보다. 아직 잠에서 깨어나지 않은 듯 테라스 아래로 펼쳐진 사파 마을은 조용하다.

방으로 다시 들어와 침대에 누워 유리창에 담긴 바깥 경치를 감상해본다. 흠흠흠~ 바깥 공기가 어찌나 상쾌하고 향긋한지 회색 빌딩숲에서 찌들었던 내 심장을 정화시켜주는 듯하다. 아이구~ 여기가 바로 지상낙원이구나. 기분이 좋아 콧노래가 절로 나온다.

베트남, 사파

오늘은 뭘 하지? 여행 책자를 꺼내려고 가방을 여니 〈비저닝 Visioning〉이 빼꼼히 얼굴을 내밀며 어서 미션을 해결하라고 재촉하는 것 같다. 몇 개월 전에 〈비전으로 가슴을 뛰게 하라〉를 읽은 후로 나의 비전 찾기 프로젝트를 진행하고 있는데, 나를 찾는다는 게 좀처럼 쉽지가 않다. 분명 나는 지금 현재를 그 누구보다도 열심히 뜨겁게 살고 있다고 자부할 수 있는데도, 무엇을 위한 삶인지, 뚜렷한 목적과 가치를 찾지 못하고 있는 것이다. 진정으로 내가 원하는 것, 내 인생의 최종 목적지, 내 비전은 도대체 무엇일까? 나 스스로에게 끊임없이 질문하고 답을 찾으려고 노력 중이다. 내 나이 마흔에는 어떤 모습으로, 무엇을 하며 살게 될까?

특별한 기술이 있는 것도 아니고, 전문직도 아닌 그저 평범한 직장인이라 지금처럼 열심히 일하다보면 피라미드형 인사구조에 따라 점점 높게 승진도 하겠지만, 운 나쁘면 언젠가는 피라미드 밖으로 밀려나가게 될 것이다. 아무리 운이 좋아도 사십대 후반이나 오십대 초반에는 직장을 벗어나서 뭔가 다른 일을 준비해야 할 텐데, 그 나이에 새로운 일을 다시 시작할 수 있을까? 도대체 어떤 일을 선택해야 오륙십 대가 되어서도 늙어 생을 마감할 때까지 행복하게 지낼 수 있을까? 요즘처럼 회사가 뒤숭숭할 때는 더욱 불안한 마음이 앞서서 노후를 위한 제2의 인생을 미리 준비해야겠다는 걱정으로 조급해진다. 그러다보니 요즘 틈날 때마다 자기 혁신 및 관리 영역의 자기계발 도서를 보며 스스로 비전 찾기를 하는 것이다.

비저닝의 내용 중에서 가장 공감된 부분은 구체적인 비전을 글로

적으라는 것이다. '어느 날 나는 인생에서 바라는 것들을 노트에 적기 시작했다. 그 순간부터 내 인생이 달라졌다'라는 문구처럼 내가 원하는 인생을 생각만 하지 말고, 눈으로 볼 수 있게 글로 실행하라는 것이다.

나 자신을 포함해 많은 이들이 끊임없이 뭔가를 해야겠다고 생각하고 결심한다. 그렇지만 그 결심을 행동으로 옮기는 사람은 극소수에 불과하다. 곧 성공하는 사람 또한 매우 적다는 의미다. 왜? 결심을 실천으로 옮기지 않았기 때문이다.

이번에는 기필코 생각과 결심에 그치지 않고 행동으로 실천해보리라. 나는 무엇을 하고 싶은가? 내 꿈은 무엇일까? 하나하나 노트에 적다 보니 막연함이 구체적이 되고, 복잡한 머릿속이 한결 가벼워진다.

호텔에서 조식을 챙겨먹고, 이른 아침의 사파 거리로 나서니 아직 가게 문도 닫혀 있고 한적하다. 너무 일찍 나왔나? 이 골목 저

골목 들여다보며 어슬렁거리고 있는데, 제법 많은 사람으로 북적거리는 시장을 발견한다. 우리네 시장과 크게 다를 바 없는 사파의 시장, 다양한 식재료와 과일, 먹을거리가 즐비하다. 좌판에 앉아있는 상인들을 보니 사파의 주변 풍경만큼이나 여유롭고 평화로워 보인다. 느릿느릿한 걸음으로 마을 구경을 하면서 내가 하고 싶은 것들이 생각날 때마다 노트를 꺼내 메모한다. 아직도 갈 길이 멀지만, 이제야 컴컴하고 긴 터널에 한줄기 빛이 비치는 것 같고, 그 빛을 향해 앞으로 나아가고 있는 것 같은 기분이 들어 사파에서의 내 여행길은 기쁨과 행복으로 충만해졌다.

해질 무렵에야 호텔로 돌아와 테라스 밖으로 펼쳐지는 저녁노을을 감상하다가 온 사방이 캄캄해져서야 방안에 들어와 앉는다. 책상 위에는 오늘 하루 동안 어설프게 적어 내려가고 있는 나의 인생 목록이 담긴 노트와 비저닝이 보인다.

스튜어트 에이버리 골드는 그의 책 〈핑〉에서 "네가 꿈을 꾸지 않는 한, 꿈은 절대 시작되지 않는다. 언제나 출발은 바로 '지금, 여기'야. 무언가 '되기be' 위해서는 반드시 지금 이 순간 무언가를 '해야do'만 하고, '실행이 곧 존재다To do is to be.' 네가 행하는 대로 네가 만들어질 것이다"라고 했다.

그래. 꿈꾸는 자만이 꿈을 향해 한발 다가설 수 있고, 행동하는 자만이 꿈을 쟁취할 수 있다. 작은 시작이지만 앞으로도 계속 내 꿈들을 이루기 위한 실천을 해보자고 다짐해본다.

늘 느끼는 거지만 내가 살아가면서 만나게 된 수많은 책은 나의 훌륭한 멘토가 된다. 나는 '책 속에 길이 있다'는 말을 신봉하는 편이다. 그래서 고민과 갈등에 처할 때면 늘 적절한 책을 찾아 해답을 찾고 문제를 해결하려 한다. 적을 알아야 전쟁에서 이길 수 있듯이 나 자신을 알아야 내 삶의 전쟁을 내가 원하는 쪽으로 이끌어갈 수 있지 않을까? 어떻게 살 것인가? '화두'는 던져졌다. 이제 실천하느냐, 실천하지 못하느냐는 내 자신에게 달려 있다.

봄이 되었어도 회사에서의 일들이 나를 자꾸만 움츠려 들게 하고, 눈보라 치는 하얀 벌판에 서 있는 듯 마냥 춥기만 했는데, 이번 사파 여행을 하면서 비저닝을 통한 구체적인 계획을 세우고 나니 아팠던 마음이 자연스레 치유된 듯하고, 한결 홀가분해졌다.

D - 1,640

타샤 튜더처럼

다시 일상으로의 복귀, 나의 회사생활은 여느 때처럼 아침부터 저녁까지 쉴 틈 없이 바쁘게 흘러가고 있지만 나는 어떻게든 내 비저닝의 결론을 짓기 위해 고심 중이다. 앞으로 무슨 일을 해야 늙어 죽을 때까지 더 즐겁고 행복한 삶을 살 수 있을까? 이런 내 고민을 눈치 챈 것인지 평소 가깝게 지내던 직장 선배가 〈나는 지금 행복해요〉라는 책을 불쑥 내민다.

자유로운 영혼 타샤 튜더Tasha Tudor의 포토 에세이, 〈나는 지금 행복해요〉.

왠지 내 고민들을 해결해줄 것 같은 흥미로운 제목과 '나이듦은 자연의 선물' '좋아하는 일을 찾은 행복' 등의 끌리는 목차가 단숨에 책장을 넘기게 한다.

미국 버몬트Vermont 주 숲속에서 18세기 풍의 아담한 농가를 짓고 30만 평이나 되는 정원을 가꾸며 자급자족으로 살아가는 타샤의 삶이 아름다운 문체와 사진으로 펼쳐진다. 그리고 타샤의 행복한 삶의 태도가 담긴 자신감 넘친 문구들이 가슴 깊이 파고든다.

> "나는 사회 통념에 따라 사는 것 대신 나의 가치관에 따라 사는 삶을 선택했습니다. 그래서 지금까지 재미있고 알차게 살아올 수 있었던 것 같습니다."
>
> "나는 로맨티스트예요. 낭만적인 내 성격은 현실적인 나와

모순이 되기도 하지만, 지금까지 그럭저럭 잘 타협하며 지내왔지요. 로맨티스트는 마음이 자유롭고, 무슨 일이든 마음껏 즐기죠. 로맨티스트가 되는 것이 인생을 즐기는 현실적인 방법일지도 모르겠네요. 내 인생에서 가장 소중한 일은 마음이 채워지는 것입니다. 내게 주어진 운명, 내게 놓여진 환경에 만족하며 사는 것입니다."

"여든아홉 살이 되었지만 하고 싶은 일, 배우고 싶은 것이 아직 많습니다. 오래도록 이렇게 사는 기쁨을 만끽하고 싶어요. 산다는 건 정말 멋진 일이니까요."

—타샤 튜더, 〈나는 지금 행복해요〉

〈타샤 튜더〉, 2010, pencil on paper

우와, 이렇게도 가슴이 뜨거워진 책은 처음이다. 도대체 어떻게 살아야 여든아홉이라는 나이가 되어서도 하고 싶은 일이 많고, 배우고 싶은 것이 많은 삶을 살 수 있을까? 어떻게 살아야 산다는 게 정말 멋진 일이라는 것을 절감할 수 있을까? 황혼에 접어들어 인생을 잘 살아왔다는 생각이 드는 사람이 얼마나 될까?

마음을 채우며, 그 삶에 만족해하며, 너무 행복하게 사셨던 타샤 할머니. 나도 타샤 튜더처럼 나의 가치관에 따라, 내 마음을 마음껏 풍요롭게 채우면서 그렇게 기쁜 삶을 살고 싶어진다.

그녀의 독특한 삶의 방식에 매료되어 그녀의 또 다른 책들을 찾아 읽어보았다. 타샤 튜더, 그녀를 알게 된 건 내게 크나큰 행운이다.

나도 타샤처럼 내 나이 마흔에도, 쉰에도, 예순에도… 지금처럼 여전히 좋아하는 일을 하면서 행복하다고 싱글거리며 살 수 있으면 좋겠다. 먼 훗날 내 삶을 딱 두 문장으로 정의내려야 한다면 나도 그녀처럼 "고단했지만 즐거웠어요"라고 말할 수 있으면 좋겠다.

지금은 고인이 되었지만 타샤 튜더, 그녀의 삶과 가치관은 미래에 대한 명확한 청사진을 구하지 못해 답답해하던 내게 시원한 해답을 안겨주었고, 멋진 그녀의 꿈을 꾸게 해주었다.

D - 1,520

사직서

우와! 첫눈이다. 웬일로 첫눈이 내릴 거라는 기상예보가 정확히 일치한 날 아침, 창밖에는 하얀 눈송이가 나풀나풀 춤을 추며 소리 없이 내려앉고 있다. 설렘도 잠시, 나이가 들어서인가? 눈이 내린다는 기쁨보다는 출근길 교통 체증 걱정이 앞선다. 조금 일찍 서둘러 출근길에 들어섰음에도 벌써 남부순환도로에는 수많은 차가 줄지어 서서 거북이걸음을 하고 있다.

오늘은 드디어 사직서를 내기로 결심한 날, 벌써 며칠째 가방 속에 넣어두고 차일피일 미루며 꺼내지 못한 사직서를 기어이 내놓으리라. 몇 년 전부터 고민해오던 미래에 대한 청사진도 구체적으로 그려놓은 상태지만, 그 비전을 실행에 옮길 시기에 대해서는 여전히 미정인 채로 하루이틀 미루며 갈등 중이었다. 내가 그린 청사진대로 미래를 살아가려면 더 늦기 전에 사직을 하고, 하루라도 빨리 새로운 시작을 해야 하는데, 솔직히 미련 없이 사직서를 제출한다는 게 쉽지가 않다.

지금 떠나면 다시 평범한 직장생활을 하기 쉽지 않을 거라는 것을 잘 알기에 더욱더 신중해지는 것 같다. 게다가 철이 덜 들어서인지 아직까지도 나는 주위 시선이 많이 신경 쓰인다. 어느 직장에 다니고, 직책은 무엇이며, 연봉은 얼마이며, 어느 만큼의 경제적 여유가 있는지…. 그런 조건을 즐기며 안정적인 직장에서 월급쟁이로 살아가면 향후 몇 년간은 훨씬 더 삶이 쉽겠지만, 언제까지 이렇게 살 수는 없는 일이다. 타샤 튜더처럼 진정으로 내 마음이 뜨거워지고 즐거운 일을 하다가 생을 마감하고 싶다.

그래. 오늘은 흔들리지 말고 과감하게 사직서를 꺼내보자. 마음이 확고해지니 다시 바뀌기 전에 행동으로 옮겨야겠다는 생각에 서둘러 사무실로 올라간다. 그리고 며칠 동안 가방 속에 잠자고 있던 사직서를 깨워 세상 밖으로 꺼내놓는다. 소식을 전해들은 동료들의 걱정 반 부러움 반의 목소리가 여기저기서 들려온다.

"회사가 나가라고 등 떠민 것도 아닌데, 요즘같이 어려운 시기에 왜 나가려고?"

"얼어붙을 대로 얼어붙은 이 불경기에 사직이 말이 돼?"

"다시 한 번만 신중하게 생각해보지."

"여태까지의 노력이 아깝지 않아?"

"어디 좋은 데로 가는 거예요? 저도 데리고 가세요."

"왜 그만두려고 하는 거예요?"

동료들의 한 마디 한 마디가 아직 실감나지 않는 나의 사직을 선명한 사실로 만들어준다. 사직서를 내고 나니 왜 이리도 마음이 홀가분한지 콧노래가 절로 나올 지경이다. 도대체 뭘 믿고 이렇게 태평하고 즐거운 걸까? 어쩌면 얼마 전에 읽었던 잭 캔필드Jack Canfield의 〈응원〉 때문일지도 모르겠다.

> 자신에게 맞는 직업을 갖는 일도 중요하다. 누군가를 처음 만났을 때 상대방이 물어오는 첫 질문은 "무슨 일을 하십니까?"일 가능성이 가장 크다. 사람들은 다른 어떤 활동보다

> 일에 가장 많은 시간과 노력을 쏟는다. 일은 자신감과도 관계가 깊다. 사람들은 나와 나의 일을 동격으로 여긴다. 그들은 내가 무슨 일을 하는지 파악하자마자 나를 조종할 수 있는 것처럼, 또 나를 잘 아는 것처럼 생각한다. 하지만 세상에는 자기 일에 즐거움과 만족감을 느끼지 못하는데도 그 일에 매달려 살아가는 사람이 많다. 정말 자신과 자신의 일을 동격으로 생각한다면, 일에 대해 오랫동안 생각해봐야 한다.
>
> 온몸과 온 마음과 온 머리와 온 가슴을 다해 하고 싶은 일을 하고 있지 않다면, 마음속을 잘 살펴서 "내가 정말 하고 싶은 일은 무엇인가?" 스스로에게 물어보자. 이 질문이 어렵다면 가장 잘할 수 있는 일이 무엇인지 찾아보자. 나만이 잘할 수 있는 일을 찾자. 혹시 너무 늦었다고 생각하는가? 말도 안 된다. 보람 있는 일을 찾는 데 너무 늦은 경우란 없다. 살아 있는 한 너무 늙었다고 할 수 있는 경우란 없다.

마치 나를 위해 준비한 특별한 메시지처럼 느껴졌다. 사직서를 꼭 내야만 할까? 새로운 일을 시작하기엔 너무 늦은 나이가 아닐까? 진짜로 내가 후회하지 않고 앞으로 전진할 수 있을까?

이런 저런 고민들로 사직을 쉽게 결정내리지 못하고 있었는데, 잭 캔필드의 비수를 꽂는 문장들이 내 고민들을 단번에 종결시켜 주었고 두근거리던 내 심장을 단단하게 만들어주었다. 이제 사직서는 던져졌고, 내 선택에 대한 책임을 스스로 져야 할 때다.

잔뜩 찌푸린 하늘과 매서운 겨울바람처럼 앞으로 다가올 미래의 시간은 엄청 시리고 암울할지도 모르지만, 오래 고민하고 어렵게 결정한 만큼 행복한 내일을 만날 수 있게 최선을 다해보자.

D - 1,490

갠지스 강가에서의 다짐

내 몸집만큼이나 커다란 배낭을 등에 짊어지고 바라나시Varanasi로 가는 기차에 올라탄다. 객실 내부는 3층 침대가 빽빽하게 들어서 있는데, 이곳에서 모르는 사람들과 함께 오늘밤을 지새워야 한다고 생각하니 걱정되고 불안하기도 해 제일 높은 3층 침대로 올라가 자리를 잡는다.

침낭을 가져오길 참 잘한 것 같다. 좀 추웠는데, 머리만 남기고 온몸을 침낭 속으로 쏘옥 밀어 넣으니 따뜻해서 좋다. 귀중품도 침낭 속에 넣어둘 수 있으니 잠깐 잠이 들어도 안심할 수 있을 것 같다. 그런데 너무 낯선 공간이라 잔뜩 긴장한 탓에 쉽게 잠이 올 것 같지가 않다. 눈만 말똥말똥. 서울에 두고 온 것들을 떠올려본다.

아직 내가 사직했다는 게 실감나질 않는다. 왠지 잠깐 휴가를 내서 여행 온 기분이랄까? 낯선 나라, 낯선 공간, 낯선 시간, 낯선 느낌…. 몇 십 년 동안 다져온 익숙한 틀을 벗어던진 나의 현재만큼이나 낯섦이 가득한 인도 배낭여행.
사직서를 내고도 진행 중인 프로젝트 때문에 한 달 넘게 출근을 더 하고서야 회사에서 완전히 벗어날 수 있었다. 마지막 퇴근길, 그동안 함께했던 동료들과의 이별, 애정을 쏟았던 일과의 이별, 늘 다니던 익숙한 시간대의 익숙한 길과 이별하면서 살짝 아쉬운 마음이 들었지만, 지금 생각해보니 홀가분하다.
이제 내 앞에는 미래를 향한 나의 비전이 기다리고 있으므로, 내가 달성해야 할 목표를 향해 지금보다 더 신나고 재미있게 내 삶의 여행을 즐기리라. 비록 지금은 이렇게 낯설고 긴장되고 불안함 투성이지만, 너무나도 낯설고 이질적이었던 이곳 인도의 풍경이 서서히 익숙해지는 것처럼 나의 현재도 점점 익숙해지리라.
뉴델리에서 저녁 무렵에 탄 기차는 다음날 이른 아침이 되어서야 바라나시 정션 역Junction Station에 도착했다.
무려 13시간을 낡은 열차의 퀴퀴한 냄새와 사람들이 발산하는 각종 소음에 시달리다가 자유의 몸이 되어 역 광장으로 나오니 이른 아침 특유의 상쾌함이 반겨주어 밤새 긴장하고 피곤했던 내 몸의 세포들이 시원하게 기지개를 켠다.
까만 피부에 커다란 눈동자를 가진 인도인들과 눈이 마주칠 때마다 가슴이 두근거린다. 낯섦은 설렘과 두려움으로 양분되어 쿵쾅쿵쾅 내 심장을 두드리고, 호기심과 용기로 가득한 내 발은 릭샤

Rickshaw꾼을 향해 주저 없이 나아간다. 흥정에 성공한 릭샤를 타고 곧바로 강가를 향해 달려간다.

누군가 그랬다.

바라나시를 보지 않았다면 인도를 본 것이 아니라고. 바라나시를 알고 싶다면 강가Ganga, 갠지스 강로 가보라고.

그렇담 직접 가서 확인해봐야겠지? 강가에 도착하니 비릿한 냄새가 코끝을 스민다. 책에서만 봤던 그 갠지스 강이 눈앞에 펼쳐져 있다니 온몸에 소름이 돋는다. 아, 내가 정말 이곳에 서보는구나. 인도에 오면 꼭 이곳에 와서 직접 느껴보고 싶었는데, 진짜로 눈앞에 갠지스 강이 펼쳐져 있다니 너무나도 감격스러웠다.

거무스름한 강에는 길쭉한 나뭇잎 모양의 보트 몇 척과 사람을 가득 실은 배들이 떠있다. 가트를 따라 내려가보니 강물에서 얼굴과 몸을 씻고 있는 몇몇의 사람이 보인다.

전설에 따르면 강가는 원래 천계天界에 흐르는 강으로, 시바Shiva 신의 도움을 받아 지상에 내려오게 되었다고 한다. 워낙 태생(?)이 귀한 강이다 보니, 이곳에서 목욕을 하면 죄도 씻겨나갈 뿐 아니라 간절한 바람까지도 성취될 거라 믿는 것이란다.

검은 개 한 마리가 킁킁거리며 강가를 어슬렁거리고 있다. 뭐지? 강물을 유심히 내려다보니 정체를 알 수 없는 각종 부유물이 가득하다. 저것이 가이드북에서 말한 사람의 배설물, 소의 배설물, 그리고 타다만 시신 조각들일까? 정말 이곳에서 시신을 태워 강물에 버리는 것일까?

호기심 많은 내 발은 어느새 화장터가 있는 마니카르니카 가트

인도, 바라나시 강가

Manikarnika Ghat로 향하고 있다. 조금은 무서운 생각이 들어 가까이 다가가지 못하고, 좀 떨어진 곳에서 화장터를 바라본다. 수많은 운구 행렬이 줄을 잇고, 운구를 강물에 적셨다가 다시 건져 올리는 모습도 보인다. 힌두교인의 평생소원이 이곳 바라나시 강가에서 목욕하는 것이고, 이곳에서 화장된 뒤 강가에 뿌려지길 희망하며, 그 자금을 마련하기 위해 돈을 모으는 사람도 많다니….

그들이 이 강가를 얼마나 신성시하는지 알겠다. 가트에서 장례의식을 보고 있노라니 절로 숙연해진다. 그러나 머리로는 그들의 종교의식과 문화를 이해하겠는데, 가슴으로는 도저히 참아내기가 힘들다. 이런 강물에서 얼굴과 몸을 씻고, 심지어는 떠 마시기까지 하는 광경을 눈뜨고 바라볼 수가 없다. 코로 공기를 들이마시는 것조차 고통이었고, 음식을 먹는 것 또한 고문이 되었다. 음료수를 보면 부유물이 떠다니는 갠지스 강물이 생각나 끔찍하게 느껴져 삼킬 수가 없다.

바라나시 강가는 내가 만난 북인도의 도시 풍경 중 가장 이질적이고 충격적이다. 누군가 말한 것처럼 바라나시는 인도를 가장 잘 표현하는 도시임엔 분명한 것 같다. 뿌연 먼지에 뒤덮인 가로수, 온갖 쓰레기와 오물로 가득한 거리, 길바닥에 아무렇지 않게 누워 있는 사람, 아침이 되면 강물에서 얼굴과 몸을 씻는 사람, 그곳에서 빨래하고 물 긷는 사람.

가트에 머무는 시간이 길어질수록 머릿속은 복잡해지고, 미소는 사라지고, 가슴은 답답해졌다. 이곳이 정녕 모든 여행자가 그토록 동경한다는 그곳이란 말인가. 세상에서 가장 아름다운 곳이라 비유되는 갠지스 강, 어떤 이는 그 아름다움에 찬사를 보내는데, 나는 이곳의 누추함과 불결함에 숨이 멎을 것만 같다.

나는 도대체 이곳에 왜 왔는가? 그동안 내가 만난 여행지가 아름답고, 안락한 쉼을 제공해주는 곳이었다면, 바라나시는 한없이 마음을 불편하게 하고, 고행에 가까운 여행지인 것 같다.

그러게. 왜 사서 고생이냐고? 너무 편안하고 고급스러운 것에만 길들여진 내게는 이곳에서의 불편함이 고통스러웠고, 거리의 모든 풍경과 사람, 그들의 생활 태도와 문화가 기존의 내 가치관으로는 소화가 되지 않는 부분이 너무 많아 조금은 우울하기까지 했다. 하지만 눈으로 보이는 것이 전부는 아닐 거야. 강가를 따라 걸으며 만나게 된 수많은 사람의 표정을 봐. 어쩜 저리도 평화로워 보일까?

앞으로 내가 가야 할 길은 이보다 훨씬 더 불편하고 고통스러울 수 있다는 것을 기억하자. 여태까지의 평범한 틀을 깨고 한 번도 가본 적이 없는 불투명한 길을 가려고 결심한 내게 그 결심을 더욱 확고하게 다져주고, 새로운 미래를 시작하기에 앞서 내 심장을 더욱 단단하게 다져주기 위해 인도 배낭여행을 감행했는데, 역시 탁월한 선택이었던 것 같다. 갠지스 강가를 모두 돌아보고 다시 제자리로 돌아와서야 나는 내 선택에 대한 확신이 들었다.

밤이 되자 수많은 디아Dia의 불빛이 검은 강물을 수놓고 있다. 내 소원이 담긴 디아도 위태위태하게 검은 물결을 따라 어딘가로 흘러간다. 그 끝에 무엇이 있을지 아직은 모른다. 그리고 누구에게

나 처음은 두렵기 마련이다. 시작이 없이는 아무 것도 만날 수가 없고 이룰 수가 없기에 두렵지만 첫 발을 내딛어야만 한다.

다샤스와메드 가트Dashashwamedh Ghat에서는 아르티 푸자Arti Puja 의식이 거행되고 있었는데, 강가의 여신에게 불을 피워 기도를 드리는 의식이다. 향을 피우면서 연출해내는 자욱한 연기가 몽환적이고 신비스럽게 느껴진다. 푸자 의식에 참여한 강가의 수많은 순례객의 표정은 하나같이 엄숙하고 간절해 보인다. 국적과 종교는 달라도 지금 이 순간만큼은 내 안에 소중하게 간직하고 있는 깊은 기도를 꺼내 꼭 이루어질 수 있기를 간절히 바라는 마음은 다 같을 것이다.

이곳 갠지스 강가에 오면 시간이 지날수록 묘한 매력에 빠져든다고 하던데, 그게 사실인 것 같다. 어느새 나도 갠지스 강가의 사람들 속에서 한결 여유로운 모습으로 푸자 의식을 즐기고 있었다.

나, 잘 선택한 것 맞지? 맘먹은 대로 씩씩하고 용감하게 잘 이겨낼 수 있겠지? 배낭 하나 둘러메고 바라나시를 찾은 용기처럼, 내 삶의 제2라운드도 과감하게 시작해보자.

가트 강가Ganga와 맞닿아 있는 계단을 뜻하는 말로, 바라나시에는 약 100여 개의 가트가 조성되어 있다고 한다.

디아 식물껍질로 만든 작은 그릇에 꽃을 담고, 중앙에 초가 담겨 있다. 불을 붙여서 소원을 빌며 갠지스 강물에 띄우면 소원이 이루어진다고 한다.

D - 1,215

인생 제2라운드 시작

인도 여행을 다녀와서 본격적인 미션에 돌입, 북아트에 입문한 지도 벌써 한 학기가 지나고 가을 학기에 접어들었다. 그동안 지도 교수님이 주최하시고, 함께 공부한 친구들이 다 같이 참여하는 북아트 전시회를 두 번이나 경험했고, 벌써 세번째 전시회를 앞두고 있다. 그리고 화실에서 그림을 배우기 시작한 지도 어느새 8개월째로 접어들었다.

북아트를 공부하는 대다수의 친구는 이미 회화나 디자인을 전공했거나 일러스트 쪽 유경험자가 대부분이라 나처럼 아트에 처음 입문하는 '생초보자'는 진도 따라가기도 만만치 않고, 별도로 공부해야 할 것이 엄청 많다. 그래서 따로 화실에서 그림 배우기를 병행하고 있는 중이다.

봄 학기 첫 전시회 때는 그야말로 북아트가 뭔지, 전시회가 뭔지도 제대로 파악도 되지 않은 상태에서 얼떨결에 교수님이 하라는 대로 따라 들어갔는데, 두번째 전시회를 지나 세번째 전시회 작품을 준비하다 보니 참 많은 것을 경험하게 된다.

사실 북아트를 처음 배우기 시작했을 때는 아무리 알려고 해도 그저 막연하기만 했는데, 이제 조금씩 알아가는 느낌이랄까? 그리고 내 자신이 얼마 만큼인지 파악이 되는 것 같고, 앞으로 얼마나 노력해야 할지 반성하고 더 큰 꿈을 꾸게 되는 그런 기회가 되는 것 같다. 매번 전시회 때마다 어설픈 작품 앞에 부끄럽지만, 그런 경험이 양분이 되어 이 미지의 세계에서 서서히 싹을 틔우고 조금씩 자라나는 느낌이다.

이번에는 어떤 작품을 만들어볼까? 화구 가방을 열어보니 그동안 4B연필로 그렸던 그림이 가득 차 있다. 한 장 한 장 꺼내보며 추억을 더듬어본다. 화실에서 내가 최초로 그린 벽돌 그림을 보니, 그날의 떨림이 아직도 생생하게 기억난다. 그림에 소질이 있는 것도 아니고, 그림을 배워본 적도 없고, 그림에 대한 기억은 초등학교 미술시간에 그렸던 기억이 전부인 녀석이 그림을 배워보겠노라고 사직서를 던지고 참으로 무모한 선택을 한 것이다. 그림을 배우고 싶다는 마음 하나로 세상 밖으로 나왔는데, 처음에는 어디로 가야 할지도 몰라 헤매다가 운 좋게 지금의 사부님을 만나게 되었다.

두근두근 콩닥콩닥, 떨리는 마음으로 용기를 내어 화실을 찾았는데, 이런저런 면담 끝에 사부님께서 종이와 4B연필 한 자루를 내어주시고는 책상 위에 놓여있는 벽돌을 그려보라고 하셨다. 조금은 당황스러운 마음에 "어떻게 그려야 하나요?" 질문했더니 "그냥

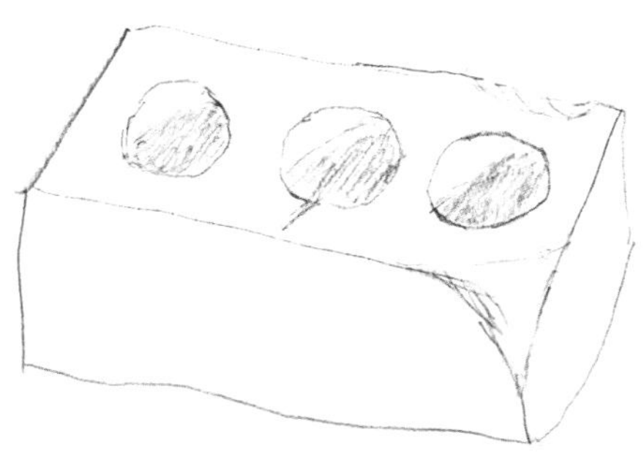

〈최초의 벽돌〉, 2009, pencil on paper

〈두번째 벽돌〉, 2009, pencil on paper

편안하게 그려보세요" 하셨다. 아마도 사부님은 내가 어느 정도나 그릴 수 있는지를 테스트하려고 하셨던 것 같다.

콩닥콩닥, 얼마나 떨리던 시간이었는지 4B연필을 꼭 쥔 손에 잔뜩 땀이 배어 나왔는데, 지금도 이 원초적인 벽돌 그림을 보고 있노라면 그날의 그 콩닥거림이 고스란히 되살아난다.

그리고 그 다음날부터 본격적인 그림 배우기를 시작했고, 연필 잡는 방법부터 종이에 선 그리는 방법 하나하나까지 자세히 배워나갔다. 선에서 면으로, 다시 평면에서 입체로 발전해나갔고, 밝은 면과 어두운 면을 찾아 들어갔고, 빛과 그림자에 대해 관심을 갖게 되었고, 물체의 질감에 대해서도 연구하게 되었다. 그때마다 사각사각 내 손에 들린 4B연필의 울림은 계속되었고, 키다리 4B연필이 하나둘 몽당연필로 변해가면서 내 손에는 자연스레 연필 냄새가 배어들었다.

그러는 동안 정육면체를 벗어나 원기둥으로 접근했고, 원에서 동

〈동글동글 구〉, 2009, pencil on paper

글동글한 구로 진화했다. 이제 사과도 그리고, 야구공과 축구공도 그리고, 인형도 그리고, 신발도 그리고, 자전거도 그리고, 강아지도 그리고, 드디어 인물까지 그릴 수 있게 되었다.

새로운 시작을 하면서 많은 변화가 있었지만, 무엇보다 큰 변화는 내 마음에 찾아온 것 같다. 여전히 플랜맨 기질이 남아 있어서 시간과 계획에 대해 엄격하지만 조금씩 융통성도 허용하게 되었고, 빈틈없고 날카로운 성격은 동글동글 구를 닮아 아주 조금씩 원만해지고 있으며, 내 자신 이외의 세상의 많은 사물과 사람에 대해 좀 더 유심히 관찰하며 관심을 갖게 되었다.

쉽게 늘지 않는 실력 때문에 좌절하고, 내가 진짜로 할 수 있을지 자주 의심하며 종종 주저앉고 싶을 때도 있지만, 깊이 파고 들어가면 들어갈수록 만지면 만질수록 더욱더 신기하고 재미있는 이 새로운 시작이 너무나도 행복하다.

〈나스터튬〉, 2009, pencil on paper

J E J U H O L I C

PART 2

내겐 너무 특별한 제주, 제주앓이가 깊어지다

D - 1,335

특별한 그곳, 제주

습관이라는 게 참 무서운 것 같다. 직장 다닐 때 투덜거림으로 시작했던 안식휴가를 1년에 두 번씩 꼬박꼬박 챙겨 여행을 했던 탓에 직장을 그만두고서도 상반기 한 번, 하반기 한 번은 꼭 여행을 떠나야 할 것만 같다. 그런데 막상 시간이 풍족해지니 경제적인 부담 때문에 선뜻 여행 가기가 망설여지고, 마냥 참고 있으려니 마음에 병이 생겨서 무얼 해도 행복하지가 않고 어떻게든 떠날 기회를 엿보게 된다. 그래서 그림 공부와 병행할 수 있는 일거리를 찾아 틈틈이 일을 하며 경제력도 복구시키고, 종종 가까운 곳으로 여행도 떠나면서 지내고 있다. 특히 요즘에는 언제든 쉽게 떠날 수 있는 제주도에 대한 애정이 각별해지는 것 같다.

어제는 하루 종일 비가 억수로 쏟아 붓더니 오늘은 유리잔처럼 하늘이 투명하다. 이리 멋진 하늘을 또 언제 볼까 싶어 하늘이 닳도록 하염없이 올려다본다. 에구구, 이러다 늦겠다.
얼마 전 김영갑 선생님의 〈그 섬에 내가 있었네〉를 읽었는데, 그분의 작품을 직접 만나고 싶다는 생각이 간절해 이번 제주 여행은 두모악 갤러리를 경유하는 올레 3코스를 선택했다.
온평 포구 앞 바다에서 시작된 올레길은 곧바로 한적한 시골길로 이어진다. 살랑거리는 바람이 얼마나 상쾌한지 고작 십여 분을 걸었을 뿐인데도 입가에는 방실방실 미소가 피어오르고, 경쾌하게 이어지는 발걸음이 마냥 즐겁다. 길가에 서있는 나무와 풀에게 반갑게 인사를 건네고, 걸음이 더해질 때마다 또 어떤 새로운 길이 펼쳐질까 기대감에 가슴이 두근거린다.

어랏, 저건 뭐지? 길섶 나무 밑에서 무언가 반짝거린다. 앗, 딸기다! 요맘때쯤 어릴 적 내 고향 논두렁밭두렁에서 친구들과 실컷 따먹던 바로 그 딸기다. 어렸을 적엔 이걸 '딸'이라고 불렀는데, 탐스럽게 열린 그 많은 딸을 양손 가득 쥐어도 다 담을 수가 없어서 기다란 풀줄기를 뽑아 꼬챙이 삼아 주렁주렁 꿰어 집으로 돌아오는 길에 실컷 먹곤 했다. 지금도 그 맛이 느껴질까?

호기심에 빨갛게 잘 익은 딸기 한 알을 따서 조심스럽게 입안에 넣어보니, 신기하게도 어렸을 적 추억의 맛이 되살아난다. 오랜만에 맛보는 딸기가 어찌나 맛있는지, 연신 서너 알씩 따서 손바닥에 올려놓고, 한 알 한 알 혀끝으로 음미하며 걷는데, 내 안의 호기심 많은 꼬마가 잠에서 깨어나 연신 콧노래를 불러댄다.

마을길을 벗어나 통오름 길로 들어서니 아주 조금 올라왔을 뿐인데도 멀리 성산일출봉도 보이고, 주변의 수많은 오름과 탁 트인 평야가 펼쳐진다. 오늘따라 하늘을 수놓은 뭉게구름이 어쩜 이리도 아름다운지 가던 길을 멈추고 자꾸만 바라보게 된다.

멋지다! 오늘 이 길을 걸으면서 '멋지다'는 말을 얼마나 많이 쏟아냈는지! 제주는 늘 내게 이렇게 감탄에 감탄을 거듭하는 선물을 아낌없이 내어주는 특별한 존재가 되어가고 있다.

아름다운 올레길에 취해 걷다보니 듬직한 내 두 발은 어느새 삼달리 마을 두모악 갤러리 앞에 서있다. 김영갑 선생님이 살아생전에 손수 가꾸시고, 잠들어 계신다는 두모악으로 들어서니 잘 정돈된 아담한 정원이 선생님의 성품을 닮은 듯 정갈하게 맞이해준다. 갤러리 안으로 들어서니 책에서 느꼈던 감동의 몇 십 배를 보탠 감

동이 물밀듯 밀려온다.
외로움과 평화, 제주의 바람이 오롯이 담긴 김영갑 선생님의 사진을 보니 온몸에 소름이 돋는다. 특히 내가 자주 찾아가는 용눈이 오름의 사진은 압권이다. 같은 곳이라고 믿기지 않을 만큼 아름답다. 같은 장소인데도 시간에 따라 빠르게 변화하는 구름의 모습을 관찰하여 담으신 사진도 좋고, 제주의 평범한 듯하면서도 결코 평범하지 않은, 너무나도 특별한 풍경이 두모악에 가득하다.
요즘은 누구나 스킬만 조금 터득하면 작품 사진 같은 결과물을 쉽게 얻어낼 수 있는 시대지만, 남이 보지 못하고 느끼지 못하는 대자연의 신비스럽고 황홀한 순간을 담아낸 작품이기에 더욱 특별하게 느껴진다. 갤러리 한쪽에 선생님이 직접 쓰신 글이 보인다.

> 제주도의 속살을 엿보겠다고 동서남북 10년 세월을 떠돌았다. 그리고 나니 제주도가 서서히 제 모습을 드러내기 시작했다.
> 어디서 바라보는 해돋이와 해넘이가 아름다운지, 제주 바다는 어느 때에야 감추었던 본래의 모습을 보여주는지, 나름대로 최상의 방법들을 찾아내었다. 세월이 흐를수록 숲보다는 나무로, 나무보다는 가지로 호기심이 변해갔다.
> 계절에 따라, 기상의 변화에 따라, 시간대에 따라, 보는 위치와 각도에 따라 풍경은 시시각각 달라진다. 눈을 감아도 밤하늘 별자리처럼 제주도 전체가 선명하게 드러난다.
> 남들이 보지 못하는 대자연의 황홀한 순간을, 남들이 느끼지 못하는 대자연의 신비로움을 느끼려면 스물네 시간 깨어있어야 한다. 깨어 있으려면 삶이 단순해야 한다. 스물네 시간 하나에 집중하고, 몰입을 계속하려면 철저하게 외로워야 한다.

> 부지런하고 검소하지 않으면 십 년 세월을 견딜 수 없다. 십 년 세월을 견딘다고 거저 주어지는 것이 아니다. 온몸을 내던져 아낌없이 태워야만이 가능하다.
> 한 가지에 몰입해 있으면 몸도, 마음도 고단하지 않다. 배고픔도, 추위도, 불편함도, 외로움도 문제되지 않는다. 하나에 취해 있는 동안은 그저 행복할 뿐이다. 몰입해 있는 동안은 고단하고 각박한 삶도, 야단법석인 세상도 잊고 지낸다.

한 글자 한 글자, 선생님의 글이 가슴속 깊이 파고든다. 얼마나 제주를 사랑했을지, 이 아름다운 풍경을 담기 위해 얼마나 많은 노력을 쏟아 부었을지, 그리고 이 멋진 장면을 만나서 얼마나 행복했을지 그 느낌이 고스란히 전해지는 것 같다.
문득 얼마 전에 보았던 영화 〈세라핀〉이 오버랩된다. 세라핀 루이, 그녀는 프랑스의 나이브 아트Naive Art, 미술가로서의 정규 교육을 받지 못한 화가들이 그려낸 작품과 기법 화가였는데, 그녀 또한 먹을 것이 없어 몇 끼를 굶어도, 잠잘 시간이 없어도, 세상 모든 사람으로부터 외면을 당해도 오직 그림을 그릴 수만 있다면 마냥 행복해했다. 남의 집 허드렛일을 하면서 근근이 생계를 이어가는 세라핀은 돈이 생기면 먹을 것이 다 떨어져 며칠씩 굶어도 그림 재료부터 사러 갔고, 그림 그리는 일을 최우선시했다. 때론 물감 살 돈이 부족해 들꽃이나 풀 그리고 심지어는 교회의 촛농까지도 훔쳐다가 자신만의 색을 만들어 그림을 그렸다. 세상 모든 사람이 다 비웃고 조롱해도 그녀는 그림을 그릴 수 있다는 사실만으로도 행복했다.
자신이 좋아하는 일에 미칠 수 있고, 그 일에 미쳐 사는 것이 얼마

나 행복한 일인지를 〈세라핀〉이라는 영화를 보면서도 절실히 느꼈지만, 오늘 이곳 두모악에서 김영갑 선생님의 특별한 사진과 글을 보면서도 다시 한번 절감하게 된다. 자신이 진정 하고픈 것에 미치도록 몰두할 수 있다면 세상의 모든 악조건이 전혀 문제되지 않을 것이다.

요 며칠 이런저런 변명과 투정을 늘어놓으며 게으름을 피운 내 자신이 부끄럽게 느껴진다. 김영갑 선생님처럼, 세라핀처럼 내게 주어진 이 길을 미치도록 달려가보자.

뜨거운 가슴을 안고 두모악 갤러리를 나서는데, 벌써 하늘은 곱디고운 노을로 물들어 있다. 두모악을 보고 나와서일까? 눈앞에 펼쳐진 제주의 모든 풍경이 더욱 특별하고 아름답게 느껴진다.

D - 1,305

한라앓이

한라산이 보고 싶다는 핑계로 무작정 제주행 비행기를 탔다. 서울에서 출발할 때는 맑았던 하늘이 제주공항 활주로에 착륙하니 제법 굵은 빗줄기를 쏟아 붓고 있다. 비 내리는 날을 무척이나 좋아하지만, 등산하려는데 비가 와서 걱정스럽다. 우중산행, 한편으론 제법 근사할 것 같기도 하다.

비오는 날의 한라산은 어떤 느낌일까?

빗길이라 그런가? 오늘따라 유난히 블루BLUE, 영국의 4인조 R&B 그룹 멤버들의 목소리가 감미롭게 스며든다. 〈All Rise〉에 이어 〈Sorry seems to be the hardest word〉가 흐르고 음악에 젖어 비에 젖어 감성 충만해진 내 안의 꼬마는 어깨를 들썩이며 흥얼흥얼 노래를 따라 부른다. 콩닥콩닥, 아~ 좋다. 이대로 계속 달리고 싶은 욕심이 스멀스멀 올라올 즈음, 착한 '허씨 렌트카'는 나를 어리목 입구에 얌전히 데려다 놓는다.

비가 제법 내려 걱정했는데, 어리목 계곡으로 들어서니 울창한 나무숲이 든든한 우산이 되어준다. 아무도 없는 숲길, 빗방울의 노랫소리만 가득하다. 세상 그 어떤 음악소리가 이보다 더 아름다울 수 있을까. 나 홀로 듣기 아까울 정도로 황홀하다. 비가 내리니 더욱 선명하게 한라의 소리가 들려오고, 내 안으로부터의 소리 또한 진지해진다. 마치 사랑하는 사람의 손을 잡고 오순도순 이야기를 나누며 산을 오르는 기분이다. 지금 이 순간 한라산 품에 안겨 나의 두 발이 한라산 자락을 걷고 있다는 사실이 너무나도 행복하다.

본격적인 오르막이 시작되면서 심장박동 소리가 요란해진다. 점점 더 높이 올라갈수록 숨이 차올라 멈춰서길 수차례 반복하고, 빨갛게 달아올라 뜨거운 얼굴을 시원한 빗줄기로 식혀본다.

그런데 한참을 올라도 사람 한 명 만나지 못한다. 인적조차 없는 숲은 마치 저녁시간처럼 어둑어둑한 분위기라 살짝 무서운 생각이 스치는데, 늘 정확한 손목시계의 현재 시각이 아직 오전임을 알리면서, 불안한 마음을 안심시켜준다. 오늘 같은 날은 누구라도 앞뒤로 좀 지나가면 좋겠다. 이왕이면 남자 말고 여자로, 부부나 연인도 좋고, 가족도 좋을 것 같다. 숲길을 벗어나 탁 트인 사제비동산으로 들어섰건만 여전히 안개와 비에 휩싸인 등산로는 어둑하다.

콩닥콩닥 콩닥콩닥, 어둑한 등산로에는 내가 쉴 새 없이 만들어내는 뜨거운 심장박동 소리만 요란스럽게 들려온다. 살아있네!!!

그래. 우리 모두는 혼자다. 요동치는 내 심장을 책임지는 것도 오직 내 몫이고, 뜨거운 내 심장이 원하는 것을 얻어내는 것도 오직 내 몫이다. 이 고독하고 숨 가쁜 삶의 전쟁에서 주저앉거나 포기하지 않고, 앞으로 나아가야만 내가 원하는 승리를 거머쥘 수 있는 것이다.

오늘도 한라산은 내가 원하는 메시지를 들려주고 있다. 늘 이렇게 나태해진 나를 일깨워주고, 에너지를 불어넣어주니 어찌 한라산이 사랑스럽지 않을까.

산을 오른 지 1시간 50분 만에 윗세오름 대피소에 도착한다. 따끈한 윗세오름표 컵라면이 먹고 싶어 서둘러 매점으로 들어서니, 몇 사람의 등산객 손에 들려있는 컵라면 냄새에 잔뜩 허기가 더해진다. 비오는 날이라 그런지 컵라면의 맛은 세상 그 어떤 맛과도 비교할 수 없을 만큼 맛있다. 마지막 국물 한 방울까지 남김없이 먹어 든든하게 배를 채우고 대피소 광장으로 나와 백록담 화구벽 쪽을 바라본다.

이곳에 서서 바라보는 봉우리가 정말 예술인데, 안개 때문에 전혀 보이질 않으니 아쉽다. 그런데도 빙그레 미소가 지어진다. 보이지는 않지만 느껴지는 이 신비스러움이란!!

아무래도 나는 한라산과 사랑에 빠진 것 같다. 아니아니, 나는 단단히 한라산에 미친 것 같다.

언제부터 이렇게 한라산이 좋았을까? 직장 다닐 때 하루 연차 내고, 아침 첫 비행기로 날아와서 종일 한라산을 걷다가 마지막 비행기로 돌아가곤 했는데, 그때마다 한라산은 내게 큰 힘이 되어주었다. 위안이 필요한 날에는 말없이 아픈 마음을 보듬어주었고, 뭔가 절실한 답이 필요할 때는 내게 꼭 필요한 메시지를 들려주었다. 그렇게 한라산과 정이 들어서인지, 지금도 마음이 복잡하거나

위안이 필요할 때면 늘 한라산이 제일 먼저 생각난다.

빗방울이 더욱 굵어진다. 이제 낮 12시가 조금 넘은 시각인데도, 대피소 건물이 잘 보이지 않을 만큼 어둑어둑해져서 하산을 서두른다. 내려가는 길에도 역시 혼자다. 평평한 등산로에서는 조금 속도를 내며 걸어본다. 그런데 갑자기 수풀에서 부스럭거리는 소리가 들려 깜짝 놀라 돌아보니 노루 한 마리가 빤히 쳐다본다.

앗, 노루다! 등산로에서, 이렇게 가까이 노루를 만난 건 처음이라 너무 놀라서 동작 그만인 상태로 가만히 서있다가 겁이 나서 뒤로 몇 발자국 서서히 물러서니, 노루도 경계를 풀고 수풀에서 나와 내가 서있는 길로 들어선다. 그리고는 조릿대 잎을 여유롭게 뜯어먹는다. 녀석, 배가 많이 고팠나보다. 내가 무섭지도 않나? 너무 귀여워 주머니 속에 넣어둔 카메라를 슬쩍 꺼내 녀석을 담아본다. 처음에는 무서웠는데, 겁 없는 노루의 모습이 너무 예쁘고 사랑스럽다. 노루야, 비가 많이 내리니까 감기 걸리지 않게 조심해야 해. 안녕, 다음에 또 만나자꾸나.

누군가 내게 묻는다.

어차피 올랐다가 다시 내려와야 하는데, 왜 산에 올라가느냐고.

그건 산을 몰라서 하는 말인 것 같다. 산에는 오르막길과 내리막길만 있는 것이 아니다. 평평하고 편안한 길도 있고, 살랑살랑 바람이 불고 어여쁜 꽃이 피어있는 오솔길도 있고, 울퉁불퉁 돌멩이가 깔려 바짝 긴장해야 하는 길도 있고, 안개에 쌓여 한치 앞도 보이지 않는 길도 있고, 심장이 터질 것처럼 숨 가쁜 오르막길도 있고, 보물을 찾아 집으로 돌아가는 즐거운 내리막길도 있고, 오늘처럼 노루와의 신비스러운 만남을 만들어주는 길도 있다.

등산길은 마치 우리 삶의 길을 쏙 빼닮은 것 같다. 살면서 편하고 아름다운 길만 걸으면 좋겠지만, 그건 지나친 욕심일 테고 바라지도 않는다. 어떤 길이든 내 앞에 놓여있는, 내가 걸어가야 할 이 길이 있어서 좋다. 이 길이 있기에 지금 이 순간 나는 걸을 수 있고, 요동치는 내 심장박동을 들을 수 있고, 삶의 맛을 느낄 수 있으니, 이 어찌 행복하지 않겠는가.

오늘도 한라산은 아낌없이 가진 것들을 내어주며 내게 행복 에너지를 가득 선물해준다.

고마워, 한라산!

D-850

사려니숲에 빠져들다

작년에 제주여행을 다녀오면서 기내 잡지에 소개된 제주 곶자왈이라는 기사를 보게 되었다. 곶자왈이란 제주말로 나무와 덩굴, 암석 따위가 마구 엉클어져 수풀길이 어수선하게 된 곳을 일컫는데, 사진과 함께 사려니숲길, 장생의 숲길, 청수 곶자왈, 비자림이 소개되어 있었다. 그 중 이름이 독특하고 예쁜 사려니숲에 흥미가 생겨서 지난 가을 처음으로 사려니숲을 찾았는데, 어찌나 아름다웠는지 그 이후에 제주에 올 때마다 들르는 필수 코스가 되어버렸다.

사려니는 '살안이' '솔안이'에서 유래된 말인데, '신성한 곳'이라는 뜻을 품고 있다. 처음에는 사려니라는 말이 예뻐서 끌리기도 했지만, 워낙 아름다운 숲이라 볼 때마다 놀라게 되고 점점 더 사려니에 중독되는 듯하다.

숲길 입구로 들어서니 어느 가지에서는 파릇파릇 이파리가, 또 어느 가지에는 빠알간 이파리가, 또 어느 가지는 이파리가 모두 떨어지고 앙상함만 남아 각각의 빛깔을 뿜어내고 있다. 찬찬히 들여다보고 있노라면 가을빛이 완연하게 느껴지면서도 봄과 여름, 그리고 겨울의 느낌까지 공존하는 듯 신비스러움이 가득하다.

안녕, 안녕?

각각의 줄기가 어느 뿌리에서 시작되었는지 도저히 분간되지 않을 정도로 서로 엉켜있는 나무, 비슷비슷해 보이면서도 어쩜 이렇게 모두 제 각각의 매력을 뿜어내고 있는지! 그 무엇에도 얽매이지 않고 자유롭게 삶을 즐기는 것처럼 보인다. 이 녀석들에게 필요한 건 햇살과 바람, 빗방울, 그리고 흙과 양분, 마음껏 엉켜 사랑할 수 있는 동지만 있으면 되는 거구나. 그야말로 복잡하지 않고 단순한 삶, 나도 이렇게 살고 싶다.
그림을 시작하면서 사물을 바라보는 태도나 관점이 조금씩 변하고 있다. 이 숲에 가득한 '나무'만 보더라도 예전 내 기억 속의 나무는 갈색 줄기에 초록 잎사귀가 무성하게 달려있는 한 종류의 나무밖에 없었는데, 요즘에는 키 큰 나무, 키 작은 나무, 뚱뚱한 나무, 늘씬한 나무, 얼룩덜룩한 나무, 매끄러운 나무, 곧게 서있는 나무, 비스듬히 서있는 나무, 혼자 사는 나무, 함께 사는 나무 등 종류와 생김새가 엄청 다양해지고 메모리도 확장되었다. 작은 것 하나하나에도 의미를 부여하게 되고, 자세히 관찰하게 되고, 감탄하게 되고, 세밀하게 기억할 수 있게 된 점이 참 좋다.

사려니숲 가득 햇살이 스며든다.
나무와 함께 햇살 샤워를 나눠본다.
음~ 이 향긋함, 이 평화로움, 이 아름다움.
살금살금, 성큼성큼.
걷고 또 걷는다.
사각사각, 바스락바스락, 까악까악.
느릿느릿 걸음 위엔 흥미진진한 수많은 소리가 채워진다.

한없이 걷고 싶은 숲길, 한없는 위로가 되어주는 숲길, 무한한 평안을 주는 숲길.
혼자여도 좋고, 둘이어도 좋고, 온 가족이 함께여도 좋은 숲길.
아~ 나는 사려니숲이 너무나도 좋다.

잠시나마 이 숲에 머물 수 있어 참으로 행복하다.

사려니숲에 안겨있으니, 시간 가는 줄 모르겠다. 다행히도 배꼽시계가 자꾸 울어대니 조금만 더 걷다가 돌아가야 할 것 같다.
한라산처럼 사려니숲 또한 보고 또 봐도 계속 보고 싶고, 자꾸 그리워질 것 같다.

D - 665

바람, 바람, 바람

"다시 태어난다면 무엇으로 태어나고 싶으세요?"

"바람으로 태어나고 싶어요."

"왜죠?"

"그 무엇에도 얽매이지 않고, 어디든 자유롭게 날아다니고 싶어서요."

바람이 너무 세차게 불어대니 금방이라도 움푹 패인 굼부리 속으로 날아가 퐁당 빠질 것만 같다.

아, 얼마 만에 마주한 바람이던가!

지금 용눈이오름에는 바람과 나, 둘뿐이다. 두 팔을 벌리고 나를 향해 덤벼드는 강풍에 힘껏 맞서본다. 한껏 벌린 두 팔이 간질간질, 금방이라도 바람의 기운을 얻어 새처럼 날개가 돋아날 것만 같다. 이대로 다리를 들어 올리면 바람 따라 하늘 높이 훨훨 날아갈 것만 같다.

바람처럼, 피터팬처럼 내 안의 꼬마는 오늘도 훨훨 나는 꿈을 꾸며 외치고 있다.

"I can fly~~ fly~~fly~~"

용눈이 주변으로 펼쳐진 수많은 오름을 보고 있노라면 흥미진진한 스토리북을 펼쳐놓은 듯 재미난 이야기들이 소근소근 들려오는 듯하다. 요 녀석들, 이 넓은 동쪽 들판에 앉아 무슨 이야기들을 나누고 있을까?

애들아, 잘 있었니? 엄청나게 많이 보고 싶었단다.

다랑쉬오름과 아끈다랑쉬오름에게도 반갑게 인사를 건넨다. 아끈다랑쉬오름은 주머니 속에 쏙 넣어가고 싶을 만큼 여전히 앙증맞고 사랑스럽다.

킁킁킁킁 어디선가 향긋한 내음이 코끝을 간지럽힌다. 들판에 흐드러지게 핀 갯무꽃과 유채꽃의 향기일까? 종달바당에서 불어오는 향긋한 바다 내음일까? 멀리 한라산에서 불어오는 백록담의 향기일까?

용눈이에서 맞이하는 바람은 한없이 청량하고 달콤하다.

바람에 실려온 향긋한 내음이 온몸의 세포 속으로 스며들어 몸 안의 나쁜 기운들을 몰아내고, 제주의 푸른 에너지로 가득 채워주는 것 같다. 이렇게 계속 바람을 맞고 서 있으면 내 안에서도 바람의

향기가 폴폴 풍길 것 같고, 어느 한 귀퉁이 바람의 빛깔에 물들어 서서히 바람을 닮아갈 것만 같은 게, 바람 맞는 일이 이렇게 행복하게 느껴질 수가 없다.

홀로 바람 맞는 것, 이것처럼 청승맞은 짓도 없을 것 같은 생각이 들면서도 홀로 바람 맞는 것, 이것처럼 멋들어진 일도 없을 것 같다는 생각이 든다. 어디 이 바람이 보통 바람인가? 세상 그 어느 바람보다도 맛있고 상큼한 제주도의 바람이 아닌가!

역시 제주의 바람은 단연 최고다. 막혔던 속도 뻥 뚫리게 하고, 시름시름 앓던 내 떠남병도 말끔히 치유해주니 말이다. 제주에 오래오래 머물며 이 멋진 제주의 바람을 실컷 누려보고 싶다. 바람 따라 때론 부드럽게, 때론 격정적으로 어디든 자유롭게 날아다니고 싶다.

D-635

제주에 우리 집이 생긴다면

나는 한동안 여행을 할 때도 직장생활 하듯 치밀하게 스케줄을 짜서 여행했다. 아침 기상 시간부터 식사 시간, 이동 경로, 취침 시간 등 하루 동안에 해야 할 일을 세밀하게 계획해 잠시도 버리는 시간 없이 알찬 여행을 지향했다. 어쩌면 일상에서 벗어나 어딘가로 여행을 떠날 수 있는 기회가 그리 많이 주어지지 않았기에 기회가 주어졌을 때 최대한 많은 것을 탐험하고 누리고자 욕심을 부렸던 것 같다.

그런데 최근에는 낯선 곳을 '탐험'하는 여행에서 익숙한 곳에서의 '쉼'을 추구하는 여행으로 서서히 취향이 변해가면서 아무런 계획 없이 즉흥적으로 여행을 떠나는 일이 잦아졌다. 마음이 닿는 곳에서는 머물고 싶은 만큼 머물고, 하루 종일 걷고 싶은 날에는 그냥 하염없이 걷고, 늘어지게 늦잠 자고픈 날에는 실컷 잠을 자고, 책을 읽고픈 날에는 욕심껏 독서를 하고. 그러다 보니 이런 무계획적인 욕구를 제대로 충족시켜주면서도 쉽게 접근이 가능한 제주도를 점점 자주 찾게 된다.

또한 직장 다닐 때는 모두 바쁘니까 함께하는 여행보다는 홀로 여행이 대부분이었는데, 내게 자유시간이 많아지니 누군가랑 함께 하는 여행도 계획할 수 있게 되었다. 마침 예전 직장 동료 경미가 이직을 결심하면서 선미랑 함께 제주로 여행을 떠나게 되었다.

금요일 저녁 제주행 마지막 비행기를 타고 제주공항에 도착하니,

경미랑 선미는 무엇이 그리도 즐거운지 사춘기 소녀처럼 까르르 까르르 웃음꽃이 떠나질 않는다. 공항에서도 렌트카 사무실에서도 주변 모든 사람에게 웃음 바이러스를 퍼뜨릴 기세다. 밤 10시가 넘은 시각, 애월읍 신엄에 위치한 신엄1980에 도착해 쥔장에게 키를 넘겨받으며 본격적인 제주 여행이 시작된다.

야호, 지금부터 이곳은 우리가 접수, 2박 3일 동안 제주 우리 집이다요. 좋아 좋아 좋아!!!

짐부터 풀어볼까? 각자의 트렁크에서 옷을 꺼내 넉넉한 옷장에 걸어주고, 완전 편안한 일명 '아디다' 복장으로 갈아입은 다음 야식타임을 갖는다. 밤 11시가 넘은 시각이지만 야밤에 먹는 컵라면 맛은 정말 환상이다. 오는 길에 사온 한라봉과 청견오렌지도 냠냠냠, 배가 불러서 도저히 못 먹을 때까지 먹고 또 먹고. 새벽 2시가 넘도록 우리의 유쾌한 수다는 계속 이어졌고, 어느새 스르르 잠이 들었다.

다음날 아침.

아, 이 몹쓸 병. 이상해, 왜 여행만 오면 꼭 동틀 무렵에 잠에서 깨어나는지 몰라. 눈을 질끈 감고 이리 뒤척, 저리 뒤척이며 끊어진 잠을 다시 청해보는데도 뒷마당에서 들리는 새소리가 너무 경쾌해 도저히 잠을 이어붙일 수가 없다. 커튼을 살짝 젖혀보니 녹색 커튼으로 스미는 햇살이 너무나도 고운 아침이다. 이렇게 햇살이 유혹적인데 더 이상 누워있긴 힘들겠지? 옆방은 아직도 꿈나라.

오늘의 일정은? 없다. 흐흐흐. 굳이 계획을 얘기한다면, 그냥 일어나고 싶을 때까지 잠자기. 그게 오늘의 첫번째 계획이다. 조용

조용 씻고, 주섬주섬 챙겨 입고, 살금살금 밖으로 나와 옥상으로 오른다. 멀리 희미하게 한라산이 보인다.

한라산아, 안녕? 잘 있었니? 넌 여전하구나.

옹기종기 모여 앉은 지붕 너머 저편으로 푸른 바다도 보인다. 앞마당에는 빨간 동백꽃이 소담스럽게 피어있고, 뒷마당에는 노오란 유채꽃이 환한 미소를 날리고 있다. 흠~ 흠~ 흠~ 푸르디푸른 아침 공기를 마음껏 흡입해준다.

집 밖으로 나서니 신엄의 정겨운 돌담이 반겨준다. 집집마다 담장 너머 고개를 내민 나무가 반갑게 인사를 건네고, 바닥에 떨어진 동백꽃마저 곱디고운 미소를 건넨다. 어? 할머니 한 분이 텃밭에 앉아서 달래를 캐고 계신다.

"안녕하세요."

인사를 드리고, 옆에 쭈그려 앉았더니 이것저것 물어보신다.

어디에 묵는지도 물어보시고, 언제 가냐고 물어보셔서 며칠 후에 간다고 했더니 달래라도 집에 가져가면 좋을 텐데 아무것도 못 줘서 미안하다고 하신다.

"아니에요. 별말씀을요. 감사합니다."

할머니의 향기를 기억하고 싶어서 사진에 담아도 되겠냐고 여쭤봤더니 "뭐 찍을게 있다고" 하시며 쑥스러워하신다.

"임자는 늙지 마. 늙지 않는 약이라도 있으면 좋을 텐데."

"할머니, 지금도 너무너무 고우세요. 오래오래 건강하세요."

한참을 향긋한 달래와 텃밭의 흙, 그리고 어르신의 친절한 마음 향기에 취해보았다.

동네 마실을 마치고 돌아온 우리 집. 새벽녘까지 수다를 떨었던 거실 마룻바닥은 여전히 따끈따끈, 따뜻한 담요 속으로 들어가 마룻바닥에 누워본다. 감미로운 음악이 거실에도, 침실에도, 주방에도, 마당에도 집안 곳곳에 울려 퍼지고 있다.

아, 좋다! 이 여유로운 아침, 이리 멋진 쉼을 누릴 수 있는 집이 있다니 이 얼마나 행복한가 말이다. 아침 마실을 너무 찐하게 한 탓인지 슬슬 배가 고프다. 늦잠을 실컷 자고 일어난 두 여인네를 데리고 옆 마을 화연이네 식당에 가서 깔끔한 밑반찬과 함께 보말미역국에 밥 한 그릇 뚝딱 해치우고, 벚꽃 구경을 나서본다.

제주대학교 사거리에서 정문까지 이어진 벚꽃길, 까르르까르르 웃음보가 터져버린 경미와 선미를 앞세우고 걷는데, 바람이 스칠 때마다 벚나무에서 연분홍 꽃비가 내린다. 그런데 갑자기 장난기가 발동한 선미가 막대기 하나를 집어 들더니 하늘 위로 점프, 헉!

선미 머리 위로 꽃비가 우수수 쏟아진다.

아이고, 창피해. 경미랑 나는 선미를 모른척하고 종종 걸음으로 도망친다. 까르르까르르 까르르까르르. 아이고 배야 아이고 배야. 선미 때문에 우리는 한참 동안 배를 움켜잡고 웃어줘야 했다.

그런데 너무 많이 웃었나? 벌써 또 배가 고프다. 경미가 집에 가서 부침개를 만들어주겠다고 한다. 무슨 부침개를 해먹을까? 한치 부침개 어때? 제주도에 왔으니 한치를 먹어줘야지. 한치와 부추, 그리고 저녁에 구워먹을 제주흑돼지 오겹살, 상추, 쌈장 등을 사서 집으로 돌아왔다.

경미는 곧바로 부침가루에 한치와 부추, 호박을 넣어 노릇노릇하게 부침개를 만들어 내놓는다. 음, 냄새 좋고 맛은 끝내준다. 오직 제주에서 먹을 수 있는 음식이라 더 맛나다. 마당에 떨어진 동백꽃을 주워 식탁에 올려놓으니 식탁 분위기가 로맨틱해지고 왠지 더 풍성해진 느낌이다.

자, 이제 배도 채웠으니 또 놀아보자고. 책도 보고, 음악도 듣고, 사진도 찍고, 그냥 무작정 쉼의 시간을 갖는다. 아마도 제주에 놀러 와서 이렇게 무계획적으로 놀아보기는 처음인 것 같다. 앞마당, 뒷마당 거실 문을 활짝 열어놓고 바깥의 신선한 바람을 거실 가득 채운다. 제주도에 진짜 우리 집이 생긴다면 매일 이런 시간을 누릴 수 있지 않을까? 상상만으로도 가슴 설레는 일이다.

저녁 메뉴는 구수한 보말된장찌개와 맛있는 흑돼지 오겹살 구이. 오늘의 주방장 경미는 정말 못 만드는 음식이 없다. 낮에는 부침개로 우릴 감동시키더니 저녁에는 보말된장찌개로 또 한 번 감동시킨다. 보말된장찌개 맛이 얼마나 환상적이던지, 정말 셋이 먹다가 셋 다 죽어도 모를 지경이다. 흐흐.

오겹살도 얼마나 맛있는지, 이렇게 직접 집에서 구워먹으니까 입에서 살살 녹는다. 어둑어둑해지는 신엄 마당에 앉아 우리의 정성으로 차린 만찬을 마음껏 즐겨주었다. 그리고 다시 방으로 자리를 옮겨 디저트를 먹으면서 유쾌한 수다를 즐겨본다. 하루 동안 신나게 노느라 지친 얼굴에 팩도 해주면서 우리의 달콤한 쉼은 계속되었다.

진짜진짜 편안한 우리 집, 이 아름다운 제주도에 진짜 우리 집이 생긴다면 참 좋겠다.

D - 108

딱 1년만, 어때?

제주 여행이 거듭되면서 제주의 햇살과 바람에 나는 서서히 중독되고 있었다. 편식이 좀 심한 편인데, 음식도, 사람도, 물건도, 장소도 한 번 반하게 되면 주체할 수가 없다. 요즘에는 온통 제주 관련 뉴스만 추려 읽고, '제주'라는 단어만 봐도 좋고, 심지어는 마켓에서 제주산 무만 봐도 그저 좋아 히죽거린다. 제주도에 가면 늘 찾는 곳이 한라산, 사려니숲, 몇몇 오름과 금능 해변 정도인데, 왜 그토록 보고 또 봐도 그리운 것인지 알 수가 없다. 그냥 좋은데 이유가 필요할까? 그리움이란 밑 빠진 독에 물 붓듯이 아무리 채우고 채워도 다 채워지지 않는 간사한 녀석인 것 같다.

아, 이건 무지 심각한 병이다. 제주 그리움병.

제주에 관심이 쏠리니 제주 여행 관련 책자도 틈만 나면 찾아 읽게 되는데, 〈제주 버킷 리스트 67〉이라는 책이 눈에 띄어 넘겨보니 평소 제주 여행 때 많은 도움을 주시는 이담 님의 책이다. 역시 제주 여행 고수답게 제주의 구석구석 아름다운 곳을 책 속에 아낌없이 소개해주신다.

제주에 가면 꼭 해봐야 할 일, 이담 님의 제주 버킷리스트는 어떤 것이 있을까 궁금해 각각의 리스트를 꼼꼼하게 읽어내려 가는데 '1년 동안 제주에서 살아보기' 항목에서 눈을 뗄 수가 없다.

자신에게 길게 휴가를 줄 수 있다면 1년 정도 제주에서 살아보는 건 어떨까? 비행기 값하고 숙박비를 계산해보면 차라리 집 하나 구해서 사는 게 더 나은 곳이 제주도다. '연세'라는 아주 좋은 제도가 있기 때문이다. 연세는 월세 1년 치를 한꺼번에 내는 것인데, 목돈이 한 번에 들어가서 좀 부담스럽지만, 일단 연세를 내고나면 1년 동안 아무 걱정 없이 살 수 있다는 장점이 있다. 제주에는 연세 400~500만 원이면 괜찮은 집을 구할 수 있다.

그렇지. 맞아맞아, 열흘 정도 유럽 여행 갈 돈이면 제주도에서는 1년 동안 편히 여행할 수 있는 집을 구할 수 있는데, 잘 알면서도 왜 실행에 옮기지 못하는 것일까? 그림 공부는 제주에 가서도 계속할 수 있고, 내가 부양해야 할 가족이 있는 것도 아니고, 오직 나 혼자만 책임지면 되는데, 생각만 하고 실행에 옮기지 않는 건 내 스타일이 아니잖아? 그렇잖아도 요즘 경비를 절약하면서 내 시간을 좀 더 효율적으로 사용하며 여행을 즐기는 방법이 없을까 고민하던 중이었는데, 이번 기회에 일상을 아예 제주도로 옮겨보면 어떨까? 그리고 매일 여행을 떠나보는 거야. 지칠 때까지.

아니아니, 그곳에서 매일 떠나지 않고도 살 수 있는 머묾의 미학을 깨닫게 되면 더욱 좋고. 어쩌면 제주에서 1년 동안 머물면서 진짜 내가 원하는 여행 같은 삶을 살 수 있을지도 모르잖아.

정말 이담 님이 제안하신 것처럼 한 1년 제주에서 살아보면 이 그리움이 다 채워질까? 그리고 진짜 여행 같은 삶을 사는 게 가능해질까?

딱 1년만, 어때?

A C T I O N

PART 3

두근두근 제주로 떠날 준비를 하다

D - 73

Are you ready?

두근두근 콩닥콩닥 룰루랄라~
일단 떠나기로 결심하니 진짜 바람이 된 것처럼 어깨가 절로 들썩이고 콧노래의 연속이다. 계획 세우기 좋아하는 나는 1년 동안 제주에서 어떻게 살 것인가에 대한 청사진부터 그려본다. 먼저 수많은 질문을 쏟아놓는다.
1년이라는 기나긴 시간을 어떻게 보내면 좋을까? 무엇을 할 거야? 어디어디 가고 싶은데? 한 곳에 머무는 게 좋을까? 동서남북 계절별로 이동하며 여행하는 게 좋을까? 그림 수업은 어떻게 할 거야?
한참 동안 이런저런 질문을 늘어놓으며 답을 찾고 있는데, 유비가 꼬리를 흔들며 베란다에서 뛰어 들어온다. 녀석, 응가를 했나 보다. 생후 50일 되었을 때 입양해서 10년 넘게 키우고 있는데 대소변을 어찌나 잘 가리는지 늘 베란다 배변판에 실수 없이 볼일을 본다. 그리고서는 칭찬받을 일을 했으니 빨리 적절한 보상을 해달라고 꼬리를 흔들어댄다.
알았어, 알았어. 아이구, 냄새야. 아무리 맡아도 유비 응가 냄새는 여전히 적응이 안 된다. 코를 움켜쥔 채 응가를 들고 화장실로 달린다. 유비에게 치즈를 보상으로 주고, 배변판의 기저귀를 교체하기 위해 베란다로 나가니 활짝 핀 바이올렛들이 화사한 미소를 건넨다. 3년 전에 바이올렛 화분 두 개를 사왔는데, 그동안 무럭무럭 자라서 일곱 개로 가족이 늘었다. 어쩜 이렇게 화분마다 서로 다른 빛깔의 꽃을 화사하게 피워낼 수 있는지, 그것도 1년 내내 피어 있으니 볼 때마다 신기하고 사랑스럽다. 얼마 전에는 이 녀석들을 어설픈 수채화 솜씨로 그려주기까지 했다.

아이고, 이 사랑스러운 혹들. 미안미안, 내가 너무 흥분해서 너희를 깜빡했어. 벤자민, 네오마리카, 마지나타, 꽃기린, 안스리움, 스파티필름, 문주란, 군자란 등 베란다에 가득한 식물과 유비의 존재가 불필요한 자문자답을 단번에 종료시키고, 명확한 답을 내어준다.

너희 때문에 집을 통째로 옮길 수밖에 없겠구나.

맞아. 제일 중요한 그림 문제만 해도 그래. 이젤이랑 캔버스랑 그림도구를 몽땅 짊어지고 다닐 순 없지. 제주에 가면 더 열심히 그림을 그려야 하니 작업실도 필요하잖아. 계속 꿈꿔왔던 것처럼, 이번 기회에 일상을 제주도로 옮겨보는 거지. 지칠 때까지 여행도 하고, 머묾의 인내도 배워보면서 진짜 여행 같은 삶을 살아보는 거야.

Are you ready?

Yes, yes, yes. I'm ready!!

D-65

내가 살고 싶은 집? 클릭클릭

한라산과 바다가 보이는 단독주택이면 좋겠어. 지붕은 오렌지색도 나쁘진 않지만 초록색이 더 좋을 것 같아. 넓은 창을 만들어서 집안에서도 바다와 한라산이 보이면 좋겠고, 온종일 햇살이 스며들면 좋겠어. 앞마당에는 푸른 잔디를 깔고, 작은 텃밭에는 양배추랑 브로콜리랑 당근이랑 무를 심을 거야. 뒤뜰에는 감귤나무와 동백나무도 심을까?

얼마 전까지만 해도 막연하게 이런 집을 꿈꿨었다. 그런데 막상 제주에서 1년 살기를 목표로 필요한 정보를 수집하다보니 내가 절대로 단독주택에서 살 수 없는 이유를 발견하게 되었다. 나는 세상에서 제일 무서운 것이 파충류와 곤충인데, 일단 제주의 단독주택에서 살려면 그런 것들과 빈번하게 마주칠 각오를 해야 한단다. 집안에서는 왕거미, 왕바퀴벌레, 지네 등이 자주 보이고, 마당으로 나가면 도마뱀과 뱀, 쥐까지 출몰한다니 생각만 해도 끔찍한 일이다. 청정지역이라 이런 문제점이 있구나.

그럼 어떤 집에서 살지? 아무래도 혼자 살기에는 원룸이나 아파트가 안전하고 편리할 것 같다. 검지손가락이 마우스 위에서 쉴 새 없이 움직인다. 모니터를 너무 오랫동안 쳐다봐서 눈이 시릴 정도지만 이 흥미진진한 폭풍 검색을 도저히 멈출 수가 없다.

제주 부동산 관련해 인터넷 여기저기 검색하다보니 제주부동산중개조합ejeju114.com, 교차로부동산http://jeju.kcrbds.co.kr, 오일장신문

http://www.jejuall.com 등이 거래량도 많은 것 같고, 조금 믿을 만해보인다. 그 중에서 제주부동산중개조합이 내가 보기에는 좀 더 보기 쉽게 되어 있다.

매물을 검색하려고 보니 매매, 연세, 전세, 월세 네 가지로 나뉘어 있고, 매물 종류는 아파트, 토지, 빌라/다세대, 단독/다가구, 원룸/투룸, 전원/농가주택/별장, 상가주택, 상가건물, 상가, 숙박시설, 기타 순으로 분류되어 있다. 또한 지역별, 가격별, 면적별로도 검색이 가능해서 한눈에 보기 좋다.

일단 가격대가 어느 정도나 형성되어 있는지 궁금해서 원룸과 아파트를 중점적으로 비교해보았다. 그런데 각 매물별 통계치가 궁금해 견딜 수가 없다. 뭐든 수치로 봐야 편하니 아직도 남아있는 직업병인 것 같다. 물론 고정값이 아니라 실시간으로 변하는 변동값이니 자고 일어나면 달라져 있을 테고, 통계가 무의미할 수도 있지만 대략의 흐름은 파악할 수 있지 않을까?

일단 주거공간의 거래량만 살펴보니, 아파트가 가장 많고, 원룸/투룸이 가장 적다.

제주도니까 단독이나 전원주택이 훨씬 많을 줄 알았는데, 생각보다 아파트가 많아 놀란다. 그리고 지역별 분포도를 보니 제주시 거래 물건이 90%로 압도적이다. 아무래도 대부분의 학교나 편의시설 등이 제주시 쪽에 편중되어 있다 보니 서귀포시보다 제주시가 더 활성화되어 있는 것 같다. 특히 아파트와 원룸은 거의 대부분이 제주시에 편중되어 있는 걸 볼 수 있다.

일단 궁금증도 풀렸고, 새로운 사실도 알게 되었으니 아파트와 원룸 정보를 좀 더 탐색해본다. 어라? 그런데 아파트도 그렇고 원룸도 그렇고 전세가 많이 보이질 않는다. 그리고 연세가 많네? 심지어 원룸은 전세 매물이 아예 없고, 아파트는 월세가 아예 없다.

그런데 월세와 연세는 뭐가 다른 거지?

자료를 찾아보니, 제주에서는 예로부터 월세나 전세는 거의 없고, 대부분이 계약과 동시에 1년 치 세를 내는 사글세1년 세, 제주사람들은 이를 '죽어지는 세'라 한다로 거래했다고 한다. 바로 이 1년 세를 연세라 하는 건데, 쉽게 말해 보증금 500만 원에 연 550만 원 식으로 월세 1년 치를 한꺼번에 내는 것이다.

가격대를 살펴보니 아파트 매매가는 24~25평형 기준으로 변두리에 위치한 아파트가 1억 1,000~2,000만 원, 시내중심이나 새로 지은 아파트는 1억 7,000~2억 원 정도 수준이다. 24~25평형은 전세가 거의 없고 연세만 보이는데 적게는 보증금 500만 원에 연세금 550만 원, 많게는 보증금 1,000만 원에 연세금 600만 원 정도다. 원룸/투룸의 연세도 아파트랑 크게 다르지 않다.

1년 동안 게스트하우스를 전전하며 지낸다고 헤도, 올레길 주변 게스트하우스의 평균요금이 1박에 2만 5,000원 정도니까 원초적으로 계산해보면 365일 * 2만 5,000원 = 912만 5,000원이다. 게다가 게스트하우스는 나만의 공간이 없고 공동생활을 해야 한다. 짐을 매번 옮기는 것도 그렇고, 나처럼 사랑스런 혹이 딸려있다면 게스트하우스 이용은 불가능하니, 원룸이나 아파트 연세를 이용하는 것이 훨씬 더 경제적이다. 그런데 매물로 나와 있는 원룸의 사진을 보니, 너무 좁아서 지금 살고 있는 집의 물건을 모두 놓고 가면 모를까 힘들 것 같다는 생각이 자꾸 든다.

일단 아파트부터 하나하나 클릭해서 들어가보니 가격 정보, 건물 위치, 면적, 층 정보, 방/욕실 수, 구조, 난방, 방향, 건축년월, 입주가능일, 편의시설, 교육환경, 특징 등이 구체적으로 보인다.

그런데 또 궁금증 발생, 난방 항목에 어떤 곳은 LPG 개별, 어떤 곳은 LPG 중앙이라고 되어있다. 뭐야? 제주에는 도시가스 공급이 안 되는 건가? 예전에 지은 아파트라 그런가? 최근에 지은 아파트를 클릭해봐도 상황은 같다. 설마 LPG 가스통으로 배달해서 사용해야 하는 건 아니겠지? 그런데 중앙은 뭐고 개별은 뭐지?

너무 궁금해서 부동산 중개인에게 전화해서 알아보니, 제주도에는 아직 도시가스가 공급되지 않고, 향후 유치 계획은 있다고 한다. 단독주택은 개별적으로 배달해서 사용하지만, 아파트의 경우 단지 전체에서 LPG를 공급받는 탱크가 있어서 한꺼번에 공급받은 후에 각 가정으로 개별 공급해주는 시스템이라고 한다. 개별과 중앙의 차이는 난방을 각 세대에서 개별적으로 조절이 가능하면 개별이고, 난방 공급 시간을 일괄적으로 관리하면 중앙이라고 한단다. 아하, 그렇군.

그런데 또 궁금증 발생, 부동산 매물을 클릭하다 보니 신구간 입주 가능이라는 메모가 많이 뜬다. 신구간은 또 뭐지? 여러 자료를 검색해보니, 신구간新舊間은 대한大寒 후 5일, 입춘立春 전 3일이라고 되어있다. 대한이 1월 20일, 입춘이 2월 4일이니까 1월 25일부터 2월 1일까지 딱 8일 동안이다. 제주 신구간 풍속 연구 자료를 보니 왜 그 기간이 특별한지 알 것 같다.

제주는 1만 8,000의 신이 살고 있는 제신諸神의 고향이고 산에는 산신당, 바다에는 해신당, 마을에는 본향당이 수백 개 있을 정도로 신을 많이 모신다는 이야기를 얼핏 들은 적이 있다. 그런 제주섬에도 신구간에는 제주섬을 다스리는 1만 8,000의 모든 신이 부재한다고 한다. 그래서 제주 사람들은 신이 두려워서 하지 못하던 일도 신이 없는 신구간에 하면 괜찮다는 속신俗信을 따르며 살아왔고, 오늘날까지도 그 풍속이 이어져오고 있단다.

평소에는 동티가 날까 두려워서 하지 못했던 일들, 즉 집을 수리하고, 화장실을 개축하고, 이사나 이장 등을 신이 없는 틈을 타서 재빠르게 처리하는 것이다. 또한 이 신구간은 일 평균기온이 5℃ 미만으로, 식물의 성장이 정지되는 제주도의 동한기에 해당하는 시기로 본격적인 농사에 전념해야 하는 입춘이 되기 직전 그동안 미뤄뒀던 집안일을 바삐 마무리하는 시기이기도 하여서 더욱 활성화된 것 같다.

이러한 신구간 풍속은 수많은 가구가 한꺼번에 이동하면서 임대료가 폭등하고, 쓰레기가 갑작스럽게 많아지고, 전화, 인터넷, 유선방송 등의 통신시설 이설 등의 문제가 발생하는 등 여러 사회문제를 야기하기도 해 1960년대 이후부터는 신구간을 악습으로 규정하고 폐지운동을 펼치기도 했다는데, 오늘날까지도 여전히 신구간 풍속이 지속되고 있는 것은 수십 년간 임대차 계약 기간이 이번 신구간에서 다음 신구간까지로 관례화된 데도 요인이 있을 것이라고 한다.

그럼 나도 이 신구간에 꼭 이사를 가야 하는 건가? 걱정되어 다시 부동산 중개인에게 물어보니 최근 3~4년 전부터는 젊은 층이나 외지에서 이사 오는 사람이 많아져서 약 25% 정도만 신구간에 이루어질 뿐, 나머지 월은 거의 비슷한 추세로 특별히 계절성을 많이 타지 않으니 언제든 이사 오라고 한다.

음… 제주도, 깊이 들어가면 갈수록 모르는 것 투성이고, 알면 알수록 신기한 것 투성이다. 제주도의 자연 유산만 독특하고 아름다운 것이 아니라 생활 문화나 풍속까지도 독특한 것이 많은 것 같다. 아무튼 제주도로 이사 가는 것에 대해 막연한 환상만 가지고 있었는데, 요 며칠 열심히 손품 팔고 귀동냥한 덕분에 훨씬 더 현실적이고 구체적인 계획을 세울 수 있을 것 같다.

아이고, 눈 아프고 귀 아파라. 오늘은 여기까지만 하자.

INFORMATION
FOR LIVING IN JEJU

1년간 머물 집 가격 알아보기

아파트, 원룸, 단독/다가구주택 등 본인이 원하는 주거 형태를 먼저 정한다. 제주도의 부동산업체는 대부분 제주시에 위치해 있는데, 제주부동산중개조합(http://ejeju114.com), 교차로부동산(http://jeju.kcrbds.co.kr), 오일장신문(http://www.jejuall.com) 등을 통해 매매, 연세, 전세, 월세 가격을 비교해본다. 정확하게 거주할 위치와 주거 형태를 선택했다면 인터넷으로도 충분히 검색하고 결정할 수가 있다. 원하는 집을 발견했다면 먼저 전화로 해당 공인중개사무소에 문의한 다음, 제주도로 내려가 확인하고 계약하면 된다.

* 주거 형태에 따른 거래량 비율 (2014년 11월, ejeju114.com 기준)

구분	아파트	단독/다가구	전원/농가주택/별장	빌라/다세대	원룸/투룸
비율	39%	19%	19%	18%	5%

* 시별 거래량 비율 (2014년 11월, ejeju114.com 기준)

구분	아파트	빌라/다세대	단독/다가구	원룸/투룸	전원/농가주택/별장	총계
제주시	97%	95%	87%	95%	70%	90%
서귀포시	3%	5%	13%	5%	30%	10%

* 아파트와 원룸의 매매, 연세, 전세, 월세 비율 (2014년 11월, ejeju114.com 기준)

구분	매매	연세	전세	월세
아파트	71%	22%	7%	없음
원룸	35%	25%	없음	40%

* 제주시 화북동 주공아파트 매매, 연세, 전세 가격 (2014년 11월, ejeju114.com 기준)

구분		매매	연세	전세
비율		58%	38%	4%
거래가격	21평(69.42㎡)	9천500만 원~1억	보증금 500만 원 / 연 550만 원	없음
	24평(79.34㎡)	1억 4,000만 원	1,000만 원 / 600만 원	없음
	32평(105.79)	1억 6,500만 원	1,000만 원 / 850만 원	1억 3,000만 원

* 제주시 노형동 소재 아파트 매매, 연세, 전세 가격 (2014년 11월, ejeju114.com 기준)

구분		매매	연세	전세
비율		53%	37%	4%
거래 가격	20~24평 (66.12~79.34)	1억 6,000만 원 ~1억 8,000만 원	보증금 1,000만 원 / 연700만 원 6,000만 원 / 350만 원	없음
	25~26평 (82.64~85.95)	1억 5,000만 원 ~2억 2,500만 원	1,000만 원 / 700만 원 2,000만 원 / 500만 원	없음
	30~32평 (99.17~105.79)	2억 7,000만 원 ~3억 2,000만 원	1,000만 원 / 1,300만 원 1,000만 원 / 750만 원 3,000만 원 / 1,200만 원	1억 5,000만 원 ~2억 3,000만 원
	33~34평 (109.09~112.40)	2억 3,000만 원 ~3억 5,000만 원	2,000만 원 / 1,400만 원 1,000만 원 / 1,500만 원 5,000만 원 / 1,200만 원	1억 8,000만 원 ~2억 6,000만 원
	43~45평 (142.15~148.76)	3억 3,000만 원 ~4억 4,000만 원	2,000만 원 / 2,100만 원	3억 3,000만 원
	46평(152.06)	4억 8,000만 원	4,000만 원 / 1,900만 원 5,000만 원 / 2,000만 원 2,000만 원 / 2,300만 원	없음

D - 60

서귀포? 제주!! 범위를 좁혀라

며칠째 틈만 나면 컴퓨터 앞에 앉아 제주 지도를 탐색 중인 폼이 거의 고시생 수준이다. 지척에 있으면 직접 가서 보고 들으면 좋겠지만, 바다 건너에 있으니 가볼 수도 없고 또 한 번 가서 그 많은 집을 다 볼 수도 없을 테니, 최대한 구체적으로 내가 살고 싶은 지역을 좁혀야 일이 더 쉬워진다.

다행히 그동안 제주를 드나들면서 자동차로 제주 일주 여행도 해보고, 올레길을 한두 군데 빼고 모두 돌아본 덕분에 제주도의 웬만한 지명은 익숙하고, 머릿속에 그려지기까지 할 정도라 도움이 많이 된다.

타원형 모양의 제주 지도를 중간쯤에서 가로로 길게 선을 그어보면 북쪽은 제주시, 남쪽은 서귀포시가 된다. 길이로 따져보면 동서로 73km, 남북이 31km, 둘레가 약 200여km, 평수로는 대략 6억 평 정도, 서울의 약 세 배 넓이라고 한다. 그런데 서울과 다른 점이 있다면 섬 한복판에 거대한 한라산이 자리하고 있어서 동서남북 이동할 때 생각보다 많은 시간이 걸린다는 것이다.

맨 처음 제주 지형을 잘 몰랐을 때는 동쪽 지역에서 서쪽으로, 다시 남쪽으로 내려왔다가 동쪽으로 귀환하는 무지렁이 여행 스케줄을 짜서 엄청나게 고생하기도 했는데, 몇 번의 시행착오를 겪으면서 제주 지형을 고려한, 보다 현명한 여행이 가능해졌다.

여행을 다니면서 몇몇 찜해놓은 마을이 있지만, 지금 나는 영원히 살 집을 구하는 게 아니고 1년간 머물 집을 구하는 것이기 때문에 현재 원하는 조건을 맞출 수 있는 위치의 집이 필요하다.

일단 혼자 지내려면 무엇보다 치안이 걱정이다. 너무 외딴 곳이어도 안 되고, 어느 정도 주거 공간이 자리한 큰 마을이어야 안심이 될 것 같다. 혹시 모르니 종합병원도 가까이 있으면 좋겠고, 동물병원도 인근에 있어야 한다. 한 달에 한 번씩 화실에 가려면 공항과도 가까워야 한다. 도서관, 서점, 재래시장, 대형마켓, 영화관 등 여러 편의시설이 너무 멀지 않은 곳에 있으면 좋겠다. 주변이 너무 복잡하고 시끄러워도 싫고 약간은 여유가 느껴지는 변두리 지역이면 좋겠다.

무엇보다 내 구미에 딱 맞는 아파트나 원룸이 내가 원하는 위치에 있을지 그게 걱정이다. 이런저런 까다로운 내 입맛을 생각하니 아무래도 서귀포시보다는 제주시 쪽으로 마음이 기운다. 오케이, 그럼 제주시로 낙찰!

다음은 해안마을이 좋을까? 중산간마을이 좋을까? 제주도를 한 바퀴 돌 수 있는 1132번 해안도로의 아래쪽 바다에 인접한 마을이 해안마을이고, 1136번 중산간도로 주변에 있는 마을이 중산간마을이다. 해안마을은 어딜 가나 쉽게 편의점이 눈에 띄고, 각종 가게도 많고, 일주도로가 있기 때문에 무엇보다 교통이 편리하다.

하지만 중산간마을로 올라가면 사정은 달라진다. 일단 도시에서 쉽게 볼 수 있는 가게를 찾아보기 힘들고 한적하다. 물론 제주시에는 도시 같은 중산간마을도 있긴 하지만 아무래도 겨울에 눈이 내리면 여러 불편함이 따를 것 같다. 그래도 한라산과 가까이 있으면 나쁘지는 않을 것 같은데 조금 더 생각해봐야겠다.

일단 그것보다 동쪽과 서쪽 지역의 좌우 범위를 좁히는 게 시급하다. 제주시라고 해도 제주공항을 기점으로 각각 동쪽과 서쪽으로 멀리 갈수록 각종 편의시설과도 멀어지고, 이동 시간도 만만치 않기 때문이다. 공항까지 이동시간이 20~30분 이내의 거리가 좋을 것 같은데, 그러려면 동쪽과 서쪽으로 각각 10km 이내의 지역이 좋을 것 같다. 이동 거리를 계산해보니 서쪽으로는 애월읍 하귀리까지, 동쪽으로는 삼화지구까지가 해당된다.

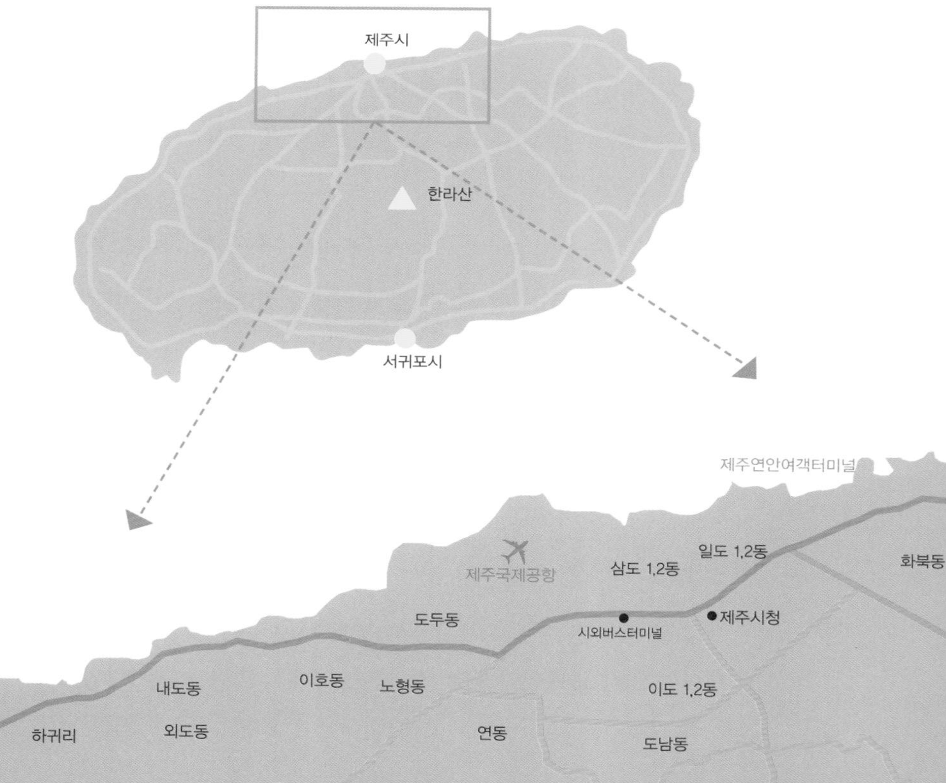

범위가 좁혀지니 막막했던 검색도 훨씬 더 구체적이 되고 쉬워진다. 범위 내 아파트 밀집지역을 보니 애월읍 하귀리, 외도1동, 노형동, 연동, 아라동, 이도2동, 일도2동, 도남동, 화북1동이 있다. 지도를 확대해서 들여다보니 이렇게 많은 아파트가 제주시에 밀집해 있을 줄이야. 여행 다닐 때는 아파트가 전혀 보이지 않았는데, 이제는 온통 아파트만 보인다.

하긴 이 지역에 제주도청과 제주시청 등 각급 관공서는 물론 학교, 병원, 공항, 시외버스터미널, 여객터미널, 은행, 대형마켓 등 각종 상업시설 및 편의시설이 밀집되어 있으니 인구 밀집도가 높을 수밖에 없을 것이고, 그에 필요한 주거 공간 또한 밀집되어 있을 수밖에 없겠지.

그런데 지도를 확대해서 들여다볼수록 빽빽하게 밀집된 건물이 숨을 턱턱 막히게 한다. 아무리 편리한 생활을 한다고 해도 도저히 공항 주변의 중심지에서는 살 수 없을 것 같다. 그럼 최대한 변두리까지 나가보자. 그렇게 하니 서쪽 끝에 위치한 하귀리와 외도1동, 동쪽 끝에 위치한 화북1동으로 집중이 된다. 중산간 쪽에 위치한 노형동도 마음에 들지만 가격 차이가 너무 커서 내 능력으로는 안 될 것 같아 일찌감치 포기했다.

아공. 이제 현장 검증하러 제주도로 날아가봐야겠다.

D - 53

부탁해, 한라산

하늘에는 별이 총총, 어렸을 적 시골 툇마루에 누워 올려다본 하늘처럼 어찌나 밤하늘이 고운지! 뽀드득뽀드득 뽀드득뽀드득, 달 밝은 밤 고요한 숲길에 등산객의 발자국 소리만 선명히 울려 퍼진다. 오호, 한라산 야간산행은 이런 묘미가 있구나. 하늘이 이리 맑으니 일출이 더욱 기대된다.

몇 해 전부터 1월 1일이 되면 백록담에 올라 새해 다짐을 하고, 백록담의 기를 한가득 받아 내려오곤 했는데, 올해는 좀 더 시간을 앞당겨 제야의 종소리를 듣자마자 산행을 시작했다. 며칠 전부터 내린 눈으로 산간도로가 통제되면 어쩌나 가슴 졸였는데, 다행히 성판악으로 오는 길을 터주어서 무사히 올라올 수 있었다. 정상에서 아침을 맞이할 생각을 하니 어찌나 가슴이 두근거리는지, 그 어떤 때보다 설레고 행복하다.

그런데 한 두어 시간쯤 걸었을까? 갑자기 캄캄한 밤하늘에서 하염없이 눈이 쏟아지고 바람까지 불어댄다. 어? 이러면 안 되는데,

이럼 안 되는데… 괜찮아. 올라가면 분명 날씨가 좋아질 거야.

새벽 3시 30분, 진달래밭 대피소 광장에 도착하니 바람은 더욱 거세지고, 눈은 멈출 기미가 없다. 먼저 도착한 수많은 사람이 오들오들 떨며 컵라면 국물로 추위를 녹이고 있다. 왜 들어가지 않고 밖에 있지? 서둘러 대피소를 향해 걸어가니 입구까지 사람이 꽉 차서 도저히 안으로 들어갈 수가 없다. 이제 정상까지는 2시간이면 충분히 오를 수 있는 거리고, 해가 뜨려면 4시간이나 남았으니 모두 이곳 대피소에서 쉬어갈 작정인 것 같다. 겨우겨우 컵라면은 샀는데, 안에는 서있을 공간도 없어서 어쩔 수 없이 한기가 가득 느껴지는 눈밭에 앉아 뜨거운 국물로 추위를 달래본다. 추워도 너무 춥다.

새벽 4시가 넘으니 머릿속도 흐리멍덩해지고 몸은 천근만근 무거워진다. 산행을 시작할 때만 해도 달밤에 오솔길에서 산책하는 기분이었는데, 뼛속까지 스며드는 눈보라에 일출에 대한 기대도, 백록담을 본다는 설렘도 사그라지고 오직 따뜻한 휴식만이 그립다.

시간 맞춰 다시 시작된 산행, 어찌나 바람이 매섭고 눈보라가 휘몰아치는지 똑바로 설 수조차 없다. 서서히 밝아오는 기운은 느껴지는데, 사방이 눈보라 때문에 가늠이 안 되고, 심지어는 바닥조차 제대로 보이질 않는다. 앞 사람 발에 의존하며 최대한 몸을 낮추고 한 발 한 발 내딛는다. 오르길 포기하고 내려가는 이도 있었으나 어떻게든 정상에 올라야 한다는 생각에 끝까지 올랐다.

야호!!! 아침 7시 25분, 드디어 한라산 정상 백록담에 도착했다.

예상했던 대로 백록담도, 하늘도, 태양도, 주변의 그 어떤 풍경도 보이질 않고, 추위에 꽁꽁 얼어붙은 등산객만 가득하다. 그런데도 모두 환한 미소에 세상을 다 가진 것 같은 표정이다. 이런 궂은 날씨에도 아랑곳 않고 서 있는 수많은 등산객의 모습에서 올해도 어쩌면 이보다 더 지독한 추위와 힘든 일이 기다리고 있을지 모르지만 지금처럼 다 이겨낼 수 있을 거라는 확신과 자신감이 생긴다.
지금쯤 성산 앞바다 위로 새해 첫 태양이 떠올랐겠지.
온몸이 얼얼할 정도의 추위 속에 발 동동거리며 서 있는데도 기분이 묘하게 좋다. 올라오면서 어찌나 바람을 세게 맞았는지 몸 안의 나쁜 기운이 탈탈 털려 모두 빠져나간 것만 같다. 백록담이 바로 옆에 있어도 볼 수 없음이 안타깝지만, 이 도도한 녀석이 쉽게 모습을 보여줄 리 없으니 괜찮다. 보이진 않지만 시리고도 시린

백록담의 푸른 기운이 온몸으로 스며드는 것 같다.

한라산아, 부탁인데 올해는 제발 제주섬에서 살 수 있게 해주라. 그래서 매일매일 너를 볼 수 있게 해다오. 새해 첫 소망을 간절히 마음속으로 빌어보며 서둘러 하산을 시작한다.

제주의 새로운 보금자리에서 새해를 맞이하고 싶었는데, 생각보다 쉽지가 않다. 지금 살고 있는 집을 그대로 두고 제주에서 연세로 살아볼까도 생각했지만, 빈집 관리도 쉽지 않을 것 같고, 여유자금도 없고, 버려지는 연세도 아까울 것 같아서 집을 처분하고 매매하기로 마음을 굳혔다. 그래서 한 달 전쯤 집을 내놓았는데 보러 오는 사람도 별로 없고, 어쩌다 보고 가는 사람은 소식이 없다. 하루하루가 일년 같고, 제주를 향한 내 마음은 조급함을 넘어 점차 포기 상태에 이르고 있었다.

그러다가 며칠 전 제주 여행 차 내려온 길에 인터넷으로 미리 봐둔 동네를 둘러보고 나니 다시 간절함으로 바뀐다. 원래 후보지는 서쪽의 하귀리와 외도1동, 동쪽의 화북1동, 세 곳이었는데, 직접 둘러보고 나니 한 곳으로 마음이 굳혀진다. 서쪽 지역은 생각보다 아파트 단지 규모도 작고, 주변 환경도 복잡하고, 가격이 높았다. 반면 동쪽 지역은 도심에서 약간 떨어진 변두리에다가 대규모 아파트 단지가 조성되어 있고, 관리가 잘되어 깨끗하고, 무엇보다 고층이 아닌 7층짜리 아파트 단지라 마음에 들었다.

부동산을 통해 몇 군데 집을 보러 갔는데 생각보다 나쁘지 않았고 매매 가격도 적당했다. 초등학교 옆으로 작은 공원도 조성되어 있고 산책로가 잘 정비되어 있는 등 주변 환경 또한 마음에 들었다.

게다가 일주도로 위쪽이라 바다와 조금 거리가 있으면서도 바다가 보이고, 뒤로는 한라산이 훤히 보이는 것 또한 매력적이다. 아파트 화단마다 소담스럽게 피어있는 동백꽃까지 마음에 들어와 화북1동으로 완전히 마음을 굳힌 것이다. 문제는 집 문제가 해결되어야 그 다음 일을 진행할 수 있는데, 부동산 중개인에게 사정을 이야기하고 다음을 기약한 상태다.

오들오들 떨면서 얼마쯤 내려왔을까. 동쪽 하늘에서 태양의 기운이 희미하게 느껴진다. 비몽사몽 중에 새해 첫 태양을 만났지만 기분은 좋네.

안녕, 썬! 올해도 잘 부탁해.

밤새 내리던 원망스러운 눈보라도 서서히 그쳐가고, 마침 바람을 피할 수 있는 나무가 보여 잠시 서서 쉼을 가져본다.

이렇게 역사적인 아침인데 인증샷 한 컷 정도는 남겨놓아야 하지 않나? 스마트폰을 꺼내 셀카를 담으려다 깜짝 놀란다. 카메라 뷰 화면 안에 한 번도 본적 없는 낯선 눈사람이 나를 보고 있다. 허걱, 이게 정녕 나야? 얼굴만 빼고 온통 하얀 눈으로 코팅되어 있고, 모자 밖으로 흘러나온 머리카락은 가닥가닥 얼어붙었고, 눈썹에는 얼음이 대롱대롱 매달려 있다. 어쩐지 앞이 잘 안 보이더라.

밤샘 산행의 흔적이 고스란히 담긴 얼굴을 들여다보고 있노라니 왠지 뿌듯한 기분이 든다. 밤새도록 너를 느끼고 네 품안에 있었으니 얼어 죽는데도 행복했을 거야. 점점 한라산바보가 되어가는 것 같다.

내 맘 알지? 한라산아, 잘 부탁해.

D-35~32

한라산아, 고마워

“네? 지금 보러 오겠다고요? 아, 네. 기다리고 있을게요.”

새해 들어와 처음으로 부동산에서 걸려온 반가운 전화다. 이번에는 제발 잘되어야 할 텐데 가슴 졸이며 손님들을 기다린다. 부동산 중개인이 모시고 온 사람들은 올 봄에 결혼을 앞둔 젊은 예비부부다.

“집을 정말 깔끔하게 꾸며놓으셔서 너무 예쁘죠? 어디 손볼 데도 없고 그대로 들어와 살아도 좋을 만큼 관리가 잘되었어요. 주방이랑 욕실도 리모델링해서 새집 같죠?”

중개인의 적극적인 홍보에 예비부부는 집안 곳곳을 살펴보며 질문을 쏟아놓는다.

“이거 진짜 벽돌이에요?”

착시를 일으키는 거실의 벽돌무늬 벽지가 마음에 들었는지 만져본다.

“소파를 베란다에 내놓으셨네요?”

“네, 집안에 가구가 있는 걸 별로 좋아하지 않아서요. 베란다에 소파를 두니 좋더라고요. 여름에는 저기서 낮잠도 자고, 바깥 경치도 구경하면서 쉬면 딱 좋아요. 원하시면 저 소파는 두고 갈게요.”

“정말이요?”

조금 아깝긴 하지만 부피가 커서 가져갈까 고민 중이었는데, 소파를 마음에 들어 하는 눈치라 선심 쓰듯이 건넸더니 여자가 엄청 좋아하는 눈치다.

“여기 열어봐도 될까요?”

남자가 가리키는 곳은 신발장.

“아, 네. 열어보셔도 돼요.”

“어? 스키 세트가 들어가네요. 너무 길어서 어디에 둘지 걱정이었는데, 이 공간 좋네요.”

남자는 스키 세트가 들어간 신발장이 꽤 마음에 들었는지 한참을 신발장 앞에서 서성인다.

“냉장고를 뒤 베란다에 두셨네요. 어쩐지 주방이 넓어 보인다 했어요.”

“네, 베란다 공간이 꽤 넓어서 냉장고랑 김치냉장고, 세탁기를 놓았는데, 그래도 여유가 있죠?”

“잘 봤습니다. 한 군데만 더 보고 결정할게요.”

아, 제발 다시 연락이 와야 할 텐데… 초조한 마음으로 서성거리고 있는데 30~40분쯤 후에 중개인으로부터 전화가 걸려온다.

“축하해요. 계약하신대요.”

“진짜요? 감사합니다. 감사합니다.”

왠지 느낌이 좋더라니, 단번에 계약까지 하고 가는 예비부부가 그렇게도 예뻐 보일 수가 없다.

곧바로 화북1동 부동산 중개인에게 전화를 걸어 약속을 정하고, 며칠 후 제주도로 날아왔다.

“화북1동 아파트 중에서 5층 이상에 위치한 24평형 남향집으로 준비해주세요.”

타깃이 확실하니 서너 시간 만에 내가 원하는 집을 모두 둘러볼 수 있었다. 첫번째로 찾은 집은 단지에서 한라산과 가장 가까운 외곽에 위치한 5층 남향집이었는데, 한라산이 거침없이 보이는 것이 아주 마음에 들었다. 그런데 욕실과 주방, 문 등 집안의 모든 것이 너무 낡아서 교체가 필요해 보였고, 집안 곳곳에 손볼 곳이 많아 보였다. 거기다가 매매가가 1억 2,500만 원으로 내가 생각하는 1억 2000만 원보다 비싸서 선뜻 결정할 수가 없었다.

두번째로 찾은 집은 첫 집과는 반대로 바다와 가장 가까운 외곽에 위치한 5층 남향집이었는데, 뒤 베란다에서 보이는 푸른 바다가 마음에 들긴 했지만, 앞쪽으로는 다른 아파트가 자리하고 있어서 전망이 조금 답답했다. 게다가 왠지 첫번째로 본 집에 비해 더 춥게 느껴졌다.

세번째로 찾은 집은 첫번째와 동일하게 한라산과 가까운 외곽에 위치한 6층 남향집이었는데, 바로 건너편으로 삼화지구 고층 아파트가 자리하고 있어서 한라산이 시원스럽게 보이질 않고, 집안은 크게 손볼 데는 없어 보였지만 1억 3,000만 원이라는 다소 높은 매매가가 부담스러웠다.

마지막으로 찾은 집은 단지 중간쯤에 위치한 5층 동남향집이었는데, 기역자로 꺾인 독특한 구조도 마음에 들고, 특히 1억 1,000만 원이라는 최저가격이 끌리는 집이다. 그러나 다른 아파트에 둘러싸여 있어서 전망이 그리 좋지 않다는 게 흠이었다.

딱히 어느 한 곳을 선택하지 못하고 있는 내가 안타까웠는지 부동산 사무실로 돌아온 중개인은 이것저것 집 고르는 팁을 친절하게 알려주신다.

"저도 서울에 있다가 이곳에 이사 온 지 10년쯤 되었어요. 처음엔 멋도 모르고 바닷가 집이 좋아 보여 살아봤는데, 해풍 때문에 습기가 정말 많더라고요."

외지인이 제주에 내려오면 바닷가 집부터 찾게 되는데, 솔직히 권해주고 싶지 않단다. 해가 질 무렵이면 빨래가 해풍에 금방 눅눅해져서 뽀송뽀송하게 빨래를 건조시키기도 쉽지 않고, 집안 물건

도 빨리 녹이 슬고, 특히나 습도 때문에 관절염 환자에게는 좋지 않단다. 그래서 바다 쪽에 인접한 집보다는 산간 쪽에 가까운 집이 좋다고 귀띔해주신다. 그리고 제주는 바람이 많이 불어 햇볕이 없는 곳은 체감 온도가 많이 낮아지므로 될 수 있으면 남향집을 선택하라고 한다.

그리고 중산간도로인 1136번 인근에 위치한 해발 150~180고지에 자리한 집이 습도도 높지 않고, 온도도 적당하고 아주 쾌적하기 때문에 살기에는 가장 좋단다. 그래서 요양 오시는 분이나 환자분에게 많이 권해드리는 지역이라고 한다. 또한 산간으로 너무 높이 올라가면 겨울에 폭설로 교통이 통제될 때가 많아서 생활하는 데 많은 불편함이 따를 것이라는 말도 덧붙인다.

어찌나 친절하게 하나하나 자세히 설명해주시는지, 마치 우리 큰언니 같은 느낌이 들어서 믿음이 갔다. 깨알 같은 팁을 들은 덕분에 선택에 대한 나의 고민은 조금 쉽게 풀렸다.

어쩌면 날마다 바람 따라 헤매며 산으로 들로 여행을 다닐 수도 있지만, 몇 날 며칠 방에 틀어박혀 그림만 그리면서 지낼 수도 있으니, 이왕이면 집에서 한라산이 잘 보였으면 좋겠고, 제주의 햇살을 충분히 쐴 수 있는 집이면 좋겠다. 그러려면 남향에 한라산 전망이 좋은 첫번째 집이 적합하다. 단지 리모델링이 필요한 집이라 추가 비용 지출을 감안한다면 1억 2,500만 원의 매매가는 너무 부담된다.

그래서 중개인에게 솔직한 심정을 털어놓으니 본인도 실내가 그렇게 심각한 상태인 줄 몰랐다면서 집 주인하고 상의해보겠다고 한다. 결국 중개인이 중재를 잘해준 덕분에 첫번째로 찾은 집을 1,200만 원을 깎아서 1억 1,300만 원에 매매 계약서에 도장을 찍고, 한 달 후로 이사 날짜를 확정지었다.

아, 드디어 해결이 되었구나. 이제 진짜 제주에서 1년 살아보기의 꿈을 펼칠 수 있게 되었다.

새해 들어와 일이 술술 잘 풀리는 것이 모두 한라산 덕분인 것 같다는 생각에 한라산을 보려고 비행기 창문 가까이 얼굴을 들이대고 애써 찾아보는데 구름에 가려 보이질 않는다. 보고 가면 좋았을 텐데 아쉽다. 괜찮아. 이제 한 달 후면 매일 볼 수 있어.

요란한 엔진 소리를 내면서 비행기가 이륙한다. 하루 종일 신경 썼더니 피곤이 몰려오네. 게슴츠레한 눈이 되어 막 잠으로 빠져들려는 순간 구름 위로 한라산 봉우리가 선명하게 드러난다.

우와! 한라산, 너 거기 있었구나? 이렇게 특별한 배웅을 해줘도 되는 거야? 고마워!

겨울이라 짙은 회색빛 능선이 그대로 드러나고 백록담 봉우리까지 선명하다. 마치 나만을 위한 특별한 한라산의 공연을 보는 듯, 너무 행복해져서 넋 놓고 바라본다. 아쉽게도 점점 멀어지는 한라산, 새해 첫날 눈보라를 뚫고 힘들게 한라산을 찾아가길 참 잘한 것 같다. 멀어져가는 한라산 봉우리를 손으로 쓰담쓰담하며 작별인사를 건넨다. 한라산아, 조금만 기다려. 금방 갔다가 올게.

고맙다, 한라산.

D-25~1

제주에서 1년 살아보기, 준비 끝

메일 수신함을 열어보니 리모델링 업체의 최종 견적서가 도착했다. 지난주 제주에서 집 계약하고 올라오면서 인테리어 업자를 만나 대강의 리모델링 계획을 이야기하고 온 덕분에 이번 주에는 인터넷 사이트를 통해 벽지나 조명 등의 세부적인 것을 고르고, 추가되는 항목에 따라 견적만 조절하면서 일을 진행하고 있으니 한결 수월하다.

리모델링 견적은 두 곳에서 받아보았는데, 한 곳은 인터넷에서 찾은 인테리어 업자고, 다른 한 곳은 부동산 중개인이 소개해준 업자다. 같은 항목으로 견적을 받았는데, 한 곳은 1,618만 원, 다른 한 곳은 1,072만 5,500원이 나왔다. 육지면 인테리어 잘하는 업체를 얼마든지 쉽게 찾을 수 있는데, 섬이다보니 모든 것이 제한되어 있고 비용도 육지에 비해 비싼 편인 것 같다.

도대체 뭐가 이리도 많이 나온 거야? 견적서를 들여다보니 싱크대와 화장실이 500만 원이 넘는다. 자재비는 육지에서 가져다 사용하기 때문에 육지 가격 생각하지 말라고 한다. 그래, 제주에 가면 제주의 법을 따라야지. 결국 225,500원 할인받고 최종 견적 금액 1,050만 원에 리모델링 공사를 시작하게 되었다.

이삿짐 업체는 육지-제주 간 이사를 전문으로 하는 곳을 인터넷에서 충분히 알아본 다음 고객 평가가 제일 좋은 곳으로 전화를 걸어 견적을 의뢰했다. 다음날 업체에서 방문했는데, 이삿짐을 꼼

구분	제품명	수량	단위	단가	금액
벽지	개나리벽지 실크 외	55	평	23,000	1,265,000
거실확장	문틀 철거 몰딩		1	250,000	250,000
문	ABS도어-YA109	3	문	200,000	600,000
몰딩	방2 걸레받이 제외	46	개	13,000	598,000
페인트	발코니 외 실린더 포함	1	식	800,000	800,000
바닥재	KCC장판 2.2mm	18.5	평	55,000	1,017,500
전기조명		1	식	495,000	495,000
화장실		1	식	3,300,000	3,300,000
싱크대	신발장, 인조대리석 외	1	식	2,150,000	2,150,000
용역	전체 청소	1	식	250,000	250,000
합계					10,725,500

꼼하게 체크하고는 견적서를 내민다. 포장이사, 작업인원 4명, 5톤 트럭에 사다리 포함하여 220만 원. 이틀에 걸쳐서 이사할 것이고, 포장하는 팀과 제주에서 이삿짐을 내리는 팀이 다를 거라고 하면서 육지-제주 간 이사 프로세스를 자세히 설명해준다.

즉 첫날에는 육지팀이 포장해서 보내면, 다음날 이삿짐을 실은 트럭만 배를 타고 제주에 도착, 제주팀이 이삿짐을 푼다는 이야기다. 이사 비용은 육지의 두 배라고 들었기 때문에 적당한 것 같고, 무엇보다 친절한 태도가 믿음직스러워서 바로 계약했다.

이제 모든 일이 잘 해결되는 건가 싶었는데, 리모델링 일정에서 생각지도 못한 변수가 생긴다. 공사 기간이 일주일이나 걸린다는 것이다. 뭐가 그렇게 오래 걸리는지. 지금 살고 있는 집으로 이사

올 때는 동일한 조건이었는데도 이삿짐 모두 들여놓고, 이삼 일 공사하고 끝났는데, 일주일씩이나 걸린다고 하니 도대체 이해가 되질 않았다. 업자에게 전화해서 물어보니, 거실 확장 공사와 욕실 공사를 먼저 끝낸 다음에 도배를 해야 하고, 도배가 끝나야 주방이랑 나머지 공사를 할 수 있다고 한다. 업자 말대로라면 제주에 내려가서도 일주일 동안 이삿짐을 컨테이너에 별도 보관해야 하고, 공사가 끝나야만 이삿짐을 풀 수 있다는 얘기다.

이사하는 날 도배만 먼저 해놓고, 나머지 공사를 나중에 하면 안 되겠냐고 물었더니 그건 도저히 어렵겠다고 한다. "여기서는 가능한데 왜 안 돼요?" 라고 물었더니 기분이 상했는지 본인들은 그렇게밖에 할 수 없으니 싫으면 다른 업체 알아보라고 한다.

지난번에 조명 고르면서도 원하는 디자인을 얘기했더니 제주도에는 그런 모델 없으니까 육지에서 직접 구해오라고 하고, 무슨 말만 하면 제주에서는 원래 그렇다는 답답한 대답만 들려온다. 왜 이렇게 융통성이 없는지 속이 상했지만 어쩔 수 있겠는가? 이제 와서 다른 업체 알아볼 수도 없고 괜히 심기만 건드려봤자 대충 공사할 것 같아 불안하고, 내가 갑이 아닌 을이 될 수밖에 없는 현실을 인정해야만 했다.

그렇다면 해결 방법은 이삿짐 업체를 통해 일주일 동안 별도 컨테이너에 보관 후 이사를 하거나 집 주인에게 사정을 이야기하고 일주일 전에 이사를 나갈 수 있는지 알아봐야 한다. 일단 이삿짐 업체에 전화해서 가능하냐고 의사를 타진해보니 별도의 비용을 지불하면 가능하다고 하고, 혹시 몰라서 조심스럽게 집 주인에게도 전화를 해보니 아직 이사 갈 집을 못 구했다면서 가능하면 사정을 봐주겠다고 한다.

그렇게 며칠이 지나고 집 주인에게 전화가 왔다. 본인들이 일주일 전에 이사를 갈 수 있으니 공사해도 좋다는 반가운 소식이다. 아, 얼마나 감사하고 또 감사한지!! 덕분에 무사히 공사를 마치고 이사할 수 있게 되었다.

드디어 이사하는 날, 이삿짐 업체의 포장 직원들이 와서 성실하고도 꼼꼼하게 짐을 포장해준다. 그런데 식물들이 걱정이다. 에어

캡, 이불, 박스, 김장봉투 등으로 몇 겹을 직접 포장해 준비해뒀는데, 제주까지 내려가는 길에 추워 얼어 죽으면 어쩌지? 잎이 약하고 작은 식물은 며칠 전 제주 집 공사 시작할 때 미리 자가용에 실어 무사히 운반해놓았지만, 벤자민이나 고무나무 같이 큰 식물은 어쩔 수 없이 이삿짐 트럭으로 보냈는데 마음이 놓이지 않는다. 냉장고 음식은 상온에 보관해도 괜찮은 것만 빼고 미리 모두 정리했기 때문에 괜찮은데 김치냉장고의 김치가 조금 걱정이긴 하다. 그래도 겨울이니 괜찮겠지? 식물을 생각하면 따뜻한 계절에 이사를 했어야 하는데, 김치나 냉장고 음식을 생각하면 추운 겨울에

이사하길 잘한 것 같고. 뭐든 100% 만족시킬 수는 없겠지?

김포공항 활주로에 선 비행기가 이륙을 기다리고 있다. 늘 제주로 향하는 이륙 순간은 가슴 떨림이었지만, 오늘은 유난히 설레고 기분이 묘하다. 한 달에 한 번씩 그림 수업 받으러 올라오겠지만, 왠지 이 순간 김포공항과의 이별도 특별하게 느껴지고, 제주를 향한 내 마음 또한 평상시의 설렘과는 차원이 다른, 뭐라 말로 표현할 수 없는 기분이다.

아, 드디어 가는구나! 그렇게 바라고 바라던 제주 1년 살아보기를 위하여!!

INFORMATION
FOR LIVING IN JEJU

이사 비용

육지에서 제주로의 이사는 육지 간 이사와는 다른 점이 있다. 보통 육지에서의 이사는 하루 만에 이사가 모두 완료되는 데 비해 육지에서 제주로 이사 갈 때는 선박을 이용하기 때문에 1박 2일이라는 시간이 소요되고, 바다 날씨에 따라서 하루 이틀 더 지연되는 경우가 발생할 수도 있다. 때문에 이사 비용도 조금 비싼 편인데, 이삿짐 분량이나 층수, 날짜에 따라서 달라지기 때문에 실제 이삿짐의 견적을 받아봐야 정확한 금액을 알 수 있다. 제주트랜스(http://www.jjtrs.com)의 경우 서울에서 제주도로 2015년 2월 중순, 5톤 트럭 한 대 분량의 포장 이사를 한다는 조건일 때 약 250만 원 정도의 견적이 나왔다.

생활 비용

제주도는 물가가 비싸다는 말을 많이 하는데, 타 도시와 다를 수밖에 없는 이유는 도서 지역이라 같은 물건을 공급받더라도 항공이나 선박을 이용하기 때문에 물류비가 차이날 수밖에 없기 때문이다. 그래서 제주에서 생산된 물품이나 농수산물을 제외하면 같은 물건이라도 타 도시에 비해 조금 비싸거나 할인율이 낮다. 그러나 1년 이상 생활하면서 면밀히 따져보니 몇 가지를 제외하고는 비싸다고 인식되는 것은 없었고, 예전에 비해 생활비가 특별히 많이 지출되지는 않았다.

처음에 이사하면서 이사 비용과 인테리어 비용이 다소 비싸게 인식되었고, 살면서 비싸다고 생각된 항목으로는 택배비, 외식비, 주유비 등이었다. 주유비의 경우 2013년 당시 서울에 이어 전국에서 두번째로 높았고, 타 도시에 비해 ℓ당 100원가량 비싸서 부담이 컸는데, 2013년 하반기부터 알뜰주유소가 생겨나면서 일반주유소와 가격 경쟁이 붙어, 2014년 하반기로 접어들면서부터는 타 도시와 비슷한 수준으로 인하되어 이제는 주유비 걱정은 덜게 되었다. 음식값은 관광지다 보니까 타 지역에 비해 꽤 비싼 편인데 외식은 그다지 좋아하지 않아서 특별한 날이 아니면 집에서 먹기 때문에 비용 부담이 크진 않았다.

생필품 구매는 대형마트 체인점을 이용했기 때문에 타 도시와 크게 다른 점은 느끼지 못했고, 농수산물은 오일장에서 제주산을 구입하기 때문에 오히려 싱싱하고 저렴하게 구매가 가능했다.

생활비 항목에서 필수적으로 들어가는 항목이 있다면 아파트의 경우 아파트 관리비와 도시가스 비용이 있다. 아파트 관리비는 보통 전기료와 수도료까지 포함되는데, 평형에 따라 생활 습관에 따라 차이가 크겠지만, 내 경우(24평형 아파트)에는 월 평균 10만 원 정도가 부과되어 연간 120만 원 정도를 지출했다.

도시가스 비용은 주방에서 사용하는 것은 소량이라 거의 난방비라고 봐도 무방하겠다. 제주도에는 육지에서 사용하는 도시가스 LNG(액화천연가스)가 2018년경에나 공급될 예정이라고 한다. 지금 현재까지는 LPG(액화석유가스)만 공급되고 있는데, 도시가스처럼 배관을 통해 공급받는 세대는 약 15% 정도고, 나머지는 LPG 집단공급을 받거나 개별공급을 받아 사용하고 있다고 한다.

내가 거주한 아파트 단지의 경우 집단공급을 받아 사용했는데, 1년 치 총 비용이 646,470원으로 월 평균 53,873원 정도가 지출되었다. 월별 사용량을 살펴보면 겨울과 봄의 사용량이 엄청나게 높았다. 처음 이사 왔을 당시에는 어찌나 춥던지 난방비용 생각 않고 도시에서 사용했던 것만큼 마음껏 난방했더니 20만 원 가까운 금액이 나왔다. 그래서 다음 달부터 최대한 아껴 사용했는데도 봄이 다 지날 때까지 난방비 지출이 컸다. 제주도는 맑은 날보다 흐리고 바람 부는 날이 많기 때문에 겨울과 봄에는 더 춥게 느껴지는 것 같다. 반면 여름과 가을에는 난방비용이 크게 들지 않았다.

년도	월	사용량(㎥)	사용 금액(원)
2013년	3월	69	194,020
	4월	40	112,850
	5월	20	54,220
	6월	2	5,790
	7월	3	7,940
	8월	3	8,160
	9월	4	10,890
	10월	5	13,610
	11월	12	32,670
	12월	24	65,350
2014년	1월	28	82,230
	2월	20	58,740
총계		230	646,470

생활비는 지극히 개인적인 항목이라 사람마다 천차만별이겠지만, 내 경우에는 머무는 장소만 달라졌을 뿐 이전 생활과 크게 달라진 것은 없었다. 오히려 이전 생활에 비해 여행을 떠나는 횟수가 줄어서 여행비 항목에서 비용 부담이 많이 줄어들었다.

PART 4

제주라서 참 행복하다

HAPPINESS

S P R I N G

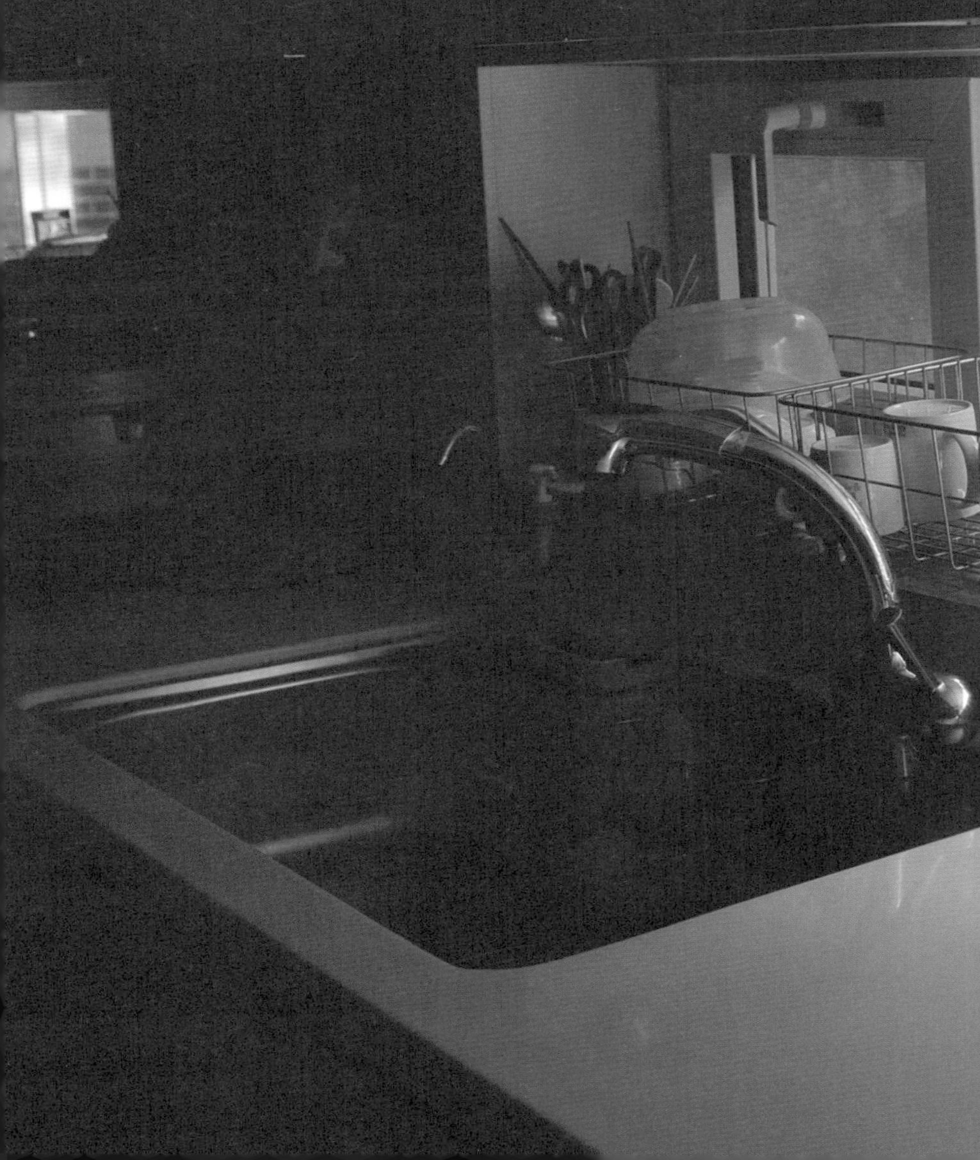

D+001 제 주 에 서 1 일 째

첫 아침

나 지금 어디? 제주도!

우와, 신난다. 신난다.

제주 우리 집에서 맞이하는 첫날 아침, 아직 커튼을 설치하지 않은 탓에 새벽녘의 푸른 기운이 유리창을 통해 그대로 투영된다. 바깥 풍경이 어떤지 궁금해서 견딜 수가 없다.

거실 문을 열고 베란다로 나가니 이제 막 태양이 솟아났는지 동쪽 하늘이 너무나도 아름답다.

우와, 멋지다. 멋져!

내 집 베란다에서 보는 제주의 일출이 이렇게 근사할 줄이야.

제주로 이사 오길 참 잘했지?

이렇게 멋진 일출을 맞이했으니 1년 동안의 제주 생활도 아주 멋질 거야. 그치?

D + 011

지금, 만나러 갑니다

매일 아침 제주에서 눈뜬다는 사실이 이렇게도 설레고 행복할 수 없다. 거실로 나와 커튼을 젖히니 아직 푸르스름한 창밖으로 한라산이 선명하게 모습을 드러내고 있다. 안녕? 한라산. 도대체 이게 얼마 만에 보는 거야? 내가 제주로 이사 온 후로 몇 날 며칠 모습을 드러내지 않던 한라산이 드디어 얼굴을 내민 것이다. 그동안 이삿짐 정리도 대충 끝내놓고, 한라산에 오르고 싶어 온몸이 근질거리던 참이었는데 역시 센스쟁이 한라산이다.

그래, 바로 오늘이야. 서둘러 배낭을 챙겨들고 어리목 탐방로를 향해 달려간다. 어쩌다 한번 제주를 찾을 때는 날씨에 상관없이 주어진 일정에 맞춰 타이트하게 움직여야 했는데, 이제는 날씨와 그날의 컨디션에 따라 그때그때 가고픈 곳을 정하고, 여유 있게 여행할 수 있다. 내게도 이런 날이 오다니, 흐흐. 이게 바로 제주에 머무는 자만이 누릴 수 있는 특별 혜택이구나.

벌써 9시 45분, 좀 늦은 시각이긴 하지만 어리목 탐방로는 왕복 4~5시간이면 충분한 코스고, 오후에는 별다른 스케줄이 없는지라 서두르지 않아도 된다.

숲으로 가득 스며드는 따사로운 아침 햇살이 어찌나 포근한지, 길가에 앉아 꾸벅꾸벅 졸아도 좋을 것 같은 날씨다. 아, 좋다. 제주로 이사 와서 처음 내딛는 걸음이라 그런가? 어리목 계곡에서 불어오는 봄바람이 유난히 더 상쾌하고 달콤하게 느껴진다. 아직 잔설이 남아 있긴 하지만, 따뜻한 햇살에 힘입어 어린 새싹이 쑥쑥 돋아나 초록으로 가득해질 날도 머지않았으리라.

모처럼 한라산의 청량한 기운을 받아 성큼성큼 오르다보니 어느새 숲길을 벗어나 사제비동산으로 들어선다. 해발 1,400m가 넘는 고지대에 이렇게 드넓은 동산이 펼쳐져 있다는 게 볼수록 신기하다. 여기서부터 윗세오름 대피소까지는 2.3km, 주변에 펼쳐진 풍경을 여유롭게 감상하며 시나브로 걷기에는 딱 좋은 길이다.

고원으로 불어대는 세찬 바람에 수많은 구름떼가 흩어졌다 모이기를 반복하며 청량한 봄 하늘을 멋지게 수놓고 있다. 하늘빛은 어쩜 이리도 아름다울꼬.

만세동산으로 올라서니 드디어 백록담을 감싸고 있는 둥그런 봉우리가 나타난다. 금방이라도 손에 잡힐 듯 가까워졌다가 다시 멀어지고, 또 가까워지길 반복하면서 윗세오름 대피소를 향해 가는 이 길이야말로 어리목 탐방로의 하이라이트인 것 같다. 너무 멋져서 서툰 솜씨로 몇 번 그려보기도 했던 이 길, 꼬불꼬불 뻗어있는 모양새며, 길섶의 돌멩이, 키 작은 풀 한 포기까지도 손끝에 선명하게 새겨져 있다.

아, 행복하다! 그토록 간절히 원하던 이 길 위에 이렇게 서 있을 수 있어서.

해발 1,600m, 만세동산으로 불어오는 해맑은 바람을 마음껏 느끼며 아무리 봐도 질리지 않는 백록담 봉우리를 욕심껏 눈맞춤해본다. 이제 1년간 제주에 머물 수 있으니 계절이 바뀔 때마다, 아니 보고 싶을 때마다 찾아와서 이 길의 다채로운 빛깔을 실컷 구경해 볼 수 있을 테지?

12시 10분이 되어서야 게으름뱅이 내 두 발은 겨우겨우 윗세오름 대피소 광장에 나를 데려다놓는다. 백록담을 감싼 웅장한 화구벽이 손을 뻗어 쓰담쓰담 해줄 수 있을 만큼 가까이에 있다. 지금쯤 백록담에 쌓인 눈은 다 녹았을까? 아니면 모두 메말라 있을까? 정상에 올라 직접 백록담을 내려다보는 것도 좋지만, 이렇게 일정한 거리를 두고 올려다보는 것 또한 꽤 흥미진진하다.

꼬르륵. 앗, 배꼽시계가 빨리 점심을 넣어달라고 아우성이다. 알았어, 알았어. 이곳에 오면 반드시 먹고 가는 컵라면, 뭉실뭉실 변덕쟁이 구름을 친구삼아 따사로운 햇살을 반찬삼아 냠냠냠 냠냠냠. 오늘따라 까마귀가 왜 이리도 많은지, 금방이라도 돌진해 내 컵라면을 뺏어먹을 것 같은 눈치다. 녀석들 눈치를 살피면서 후루룩 꿀꺽 후루룩 꿀꺽, 잽싸게 먹어 치운다. 아궁 맛나다. 바로 이 맛이야!

배도 채우고, 햇살도 따뜻하니 눈을 감으면 이대로 잠들 것만 같다. 이곳 광장에 앉아 있으면 어쩜 이리도 마음이 편안해지는지! 언제 와도 기분 좋고, 행복한 공기가 가득 스며드는 곳이다.

지금 행복합니까? 넵. 슈퍼울트라짱 행복합니다.

이제 언제든 원하기면 하면 올라올 수 있다는 사실에 더 여유가 생긴 것일까? 이곳 광장에서의 쉼이 그 어느 때보다 느긋하고 달콤하게 느껴진다.

D + 027

유비야. 산책 가자

"가자."

내 말이 떨어지기가 무섭게 현관 앞으로 달려간 유비는 꼬리를 세차게 흔들며 금방이라도 대문을 뚫고 나갈 기세로 서 있다.

녀석, 산책 나가는 것이 저리도 좋을까? 이곳 제주까지 긴긴 내 여행길에 함께하고 환경도 바뀌어서 혼란스러울 텐데도 참 잘 견뎌주고 아픈 곳 없이 건강해서 얼마나 다행인지 모른다.

나도 유비도 이곳 생활에 조금씩 익숙해지고, 어느 정도 여유가 생긴 것 같다. 하지만 여전히 적응하기 어려운 것이 있다면 제주의 변덕스러운 날씨다. 하루면 몇 번이고 얼굴을 바꾸는 하늘과 매서운 바람 덕분에 매일 날씨 눈치를 보고 산다. 특히 봄바람이 어찌나 시리고 차가운지 추위에 약한 나는 요즘 '춥다'는 말을 달고 사는 것 같다. 그래서 이사 온 지 한 달이 다 되도록 아파트 산책로만 맴돌았는데, 오늘은 모처럼 바람도 잠잠하고 햇살도 따사로워서 큰맘 먹고 바다를 향해 산책을 나선다.

아파트 산책로로 들어서자마자 유비의 킁킁킁이 시작된다. 바람은 차지만 벌써부터 이름 모를 수많은 들꽃이 꽃망울을 터뜨리고, 하루가 다르게 새싹의 움직임도 커져가고 있다. 유비는 산책로의 모든 식물과 코맞춤을 하고 갈 태세로 풀밭에 얼굴을 묻고 연신 킁킁킁을 반복 중이다. 산책로가 어찌나 싱그러운지 나도 유비 따라 자꾸만 킁킁거리게 된다.

아파트 산책로를 지나 일주도로 횡단보도를 건너니 곧바로 파아란 바다가 시원스레 펼쳐진다. 바다로 향한 산책로 양옆으로는 넉넉한 텃밭이 자리하고 있고, 추위를 이겨낸 보리가 파릇파릇 초록빛을 가득 뿜어내며 봄의 향기를 더하고 있다. 유비는 여전히 길섶의 초록 잎을 킁킁킁 하느라 바쁘다.

유비야, 저기 봐봐, 바다야. 아, 이게 얼마 만에 보는 바다인지! 얼른 가까이 다가가 보고 싶어 유비를 재촉해 해안 길로 들어선다. 음, 어디선가 고향 냄새가 폴폴 풍기는 것 같다. 냄새의 근원지를 내려다보니 검은 바윗돌 위에 해초가 가득하다. 어릴 적 내 고향 바닷가에서 많이 본 익숙한 풍경이라 가슴이 두근거린다. 어쩌면 섬에서 태어나고, 섬에서 유년시절을 보낸 탓에 제주섬에 더 끌리는지도 모르겠다.

바닷길을 따라 삼양 검은모래해변까지 걸어가본다. 유비는 힘들지도 않은지 씩씩하게 잘도 걷는다. 검은 모래 때문일까? 유난히 삼양 검은모래해변의 물빛이 검푸르게 보여 신비스럽다. 모래밭을 자세히 들여다보니 촉촉하게 젖어있는 모래알갱이 입자가 참으로 곱고 부드럽다.

유비 녀석, 바다가 신기한지 물끄러미 쳐다본다. 기억나려나? 아주 어렸을 적에 강원도에 있는 화진포해수욕장에 데려간 적이 있는데, 푹푹 빠지는 모래밭을 어찌나 잘 뛰어다니던지! 그후론 처음이다.

유비야, 나 잡아봐라. 멀리 달음질하며 유비를 부르니, 잽싸게 뛰어온다. 둘이서 쫓고 쫓기는 추격전의 흔적을 검은 모래밭 가득 남기고서야 멈춰 섰다. 헉헉 헉헉. 힘들지? 나도 힘들다. 모래밭에 앉아 둘이서 생수를 나눠 마시며 쉼을 누려본다. 아, 좋다. 너도 좋지?

제주섬에 머무르니 산책길도 이렇게 특별하고 근사하구나. 이 역시 제주에 머무는 자만이 누릴 수 있는 특혜? 좋다좋다.

D+030

걷다보니 신촌

3월 중순을 넘어서니 창문을 열면 어느 곳을 둘러봐도 샛노란 유채꽃이 한가득 들어온다. 특히 푸른 바다를 배경으로 서있는 유채꽃의 빛깔은 가히 예술이다. 블루, 그린, 옐로우. 저 황홀한 빛깔의 어울림이 너무 유혹적이라 도저히 밖으로 나서지 않고서는 배길 재간이 없다. 오늘은 이 아름다운 빛깔에 취해 마을 올레길을 실컷 걸어봐야겠다.
제주에 오면 매일 쉬지 않고 산과 들로 트레킹을 떠날 것 같았는데, 막상 와보니 집에 머무는 날이 많아진다. 물론 생각보다 추운 제주 봄 날씨에 잔뜩 웅크리게 된 것도 있지만, 굳이 어딘가로 떠나지 않아도 그냥 제주섬에 머물고 있다는 사실만으로도 내겐 큰 기쁨이다.

– 일주일에 한 번씩 한라산 올라가기
– 매일 사려니숲에 가기
– 올레 전체 코스 걸어보기
– 안 가본 오름 찾아 탐험하기

왜 그래야 하는데? 스케줄대로 꼭 해야 하는 여행은 이제 싫어. 그냥 마음이 시키는 대로, 그날그날 마음이 동하는 여행을 할 거야. 여행 오기 전에 하고 싶던 계획은 많았지만, 1년 동안의 제주 여행에서는 플랜에 얽매이지 않고 그냥 뭐든 내 맘이 시키는 대로 하고 싶다.
아파트 단지에서 10분쯤 걸어 내려가니 화북포구에서 삼양 검은 모래해변으로 이어지는 올레 18코스 길을 만나게 된다. 며칠 전

유비랑 산책할 때보다 바다 빛깔이 훨씬 더 근사해졌다. 땅에서 움트는 새싹처럼 푸른 해변의 검은 바윗돌 위에도 초록빛 해초가 무럭무럭 자라고 있다. 향긋한 해초 내음이 어찌나 좋은지 유비처럼 연신 코를 킁킁거리며 음미하게 된다. 끊임없이 밀려드는 새하얀 파도소리는 또 어찌 이리도 황홀하며, 오늘따라 하늘은 어쩜 저리도 새파란지! 이 모든 것을 누리며 걷고 있노라니 마치 꿈을 꾸는 것마냥 황홀하다.

바당길을 지나 원당봉으로 오르는 길, 뒤를 돌아다보니 우리 아파트 단지가 한눈에 들어온다. 도심에서 멀리 떨어져 있지 않으면서도 한적하고 조용한 마을, 바다와는 적당한 간격을 유지하고 있고, 별도봉과 이곳 원당봉을 양옆으로 거느리고 있는 볼수록 매력적인 마을이다. 내가 골랐지만 참 잘 골랐단 말이지.

흐뭇함에 취해 주변 풍경에 취해 걷다보니 어느새 신촌 가는 옛길

로 들어선다. 이 길은 예전에 삼양에 사는 사람들이 옆 마을 신촌 마을에 제사가 있는 날이면 제삿밥을 먹기 위해 오갔던 길이라고 한다. 제주도에서는 집안에 제사가 있으면 직계가족만 모이는 것이 아니라 일가친척 및 마을사람이 모두 모이는 풍습이 있었다고 한다. 이웃 마을 누구누구네 제사가 있을 때마다 이 길을 따라 아이, 엄마, 아빠, 할머니, 할아버지 수많은 사람이 오순도순 이야기하며 지나다녔겠지? 지금은 사라진 풍습이지만 어렸을 적 우리 고향집에서도 제사를 지내고 나면 이웃과 음식을 나눠먹곤 했는데, 훈훈한 옛 그림을 떠올리게 하는 보드라운 이 흙길이 마치 고향 길에 서있는 듯 정겹게 느껴진다.

그런데 어디까지 갈 거야? 멈추고 싶을 때까지 계속! 하하. 그래, 갈 때까지 가보자.

우와, 바다다!

신촌 닭머르

삼양 검은모래해변에서 새파란 바다를 실컷 보고 왔으면서도 또 다시 바다를 보니 반가워 소리를 지르게 된다. 이 길은 해안을 따라 옆 마을 신촌으로 이어지는 길인데, 어떻게 이런 물빛이 나올 수 있는 건지 너무 아름다운 물빛에 반해 입이 다물어지질 않는다. 세상에 이런 곳이 있었구나. 길섶의 노오란 유채꽃은 어쩜 이리도 사랑스러운지, 아름다운 길에 취해 내 걸음은 자꾸만 간세다리가 되어간다.

그렇게 도착한 신촌의 닭머르 전망대. 언덕에 올라 내려다보니 물속이 훤히 다 보이는 것이 때 묻지 않은 청정바다 그대로다. 닭머르, 이름도 참 독특하네. 바닷가로 툭 튀어나온 바위 모습이 닭이 흙을 걷어내고 들어 앉아 있는 모습과 같다고 해서 닭머르라 불리

게 되었다고 한다. 아, 이곳에서 원 없이 바다를 보네.

북동쪽의 함덕, 김녕, 월정, 세화의 바다 빛이 제일 멋지다고 생각했는데, 이곳 삼양, 신촌, 조천으로 이어지는 바다 빛깔 또한 결코 뒤지지 않는 것 같다. 특히 이 지역은 검은 바위 때문에 훨씬 더 깊고 짙푸른 빛이 감돌아 신비스럽게 느껴진다.

이곳이 신촌이로구나. 서울의 '신촌'과 같은 지명이라 더 궁금했던 곳인데, 파랑 초록 오렌지 지붕이 옹기종기 모여 앉아 있는 이곳 신촌은 서울과는 비교할 수 없을 만큼 아담하고, 제주의 여느 마을처럼 평화롭고 소박하다.

마을 올레 길로 들어서니 정겨운 풍경이 펼쳐진다. 세찬 바닷바람을 피해 높게 쌓아 올린 돌담과 낮은 지붕, 답답한 돌담이 싫었는지 쑥쑥 키가 자라 돌담 너머로 얼굴을 내민 키 큰 동백나무, 화사하면서도 단아한 멋을 자랑하는 어여쁜 동백꽃, 어느 집 앞 골목길에 나란히 앉아 주인을 기다리고 있는 개성 있는 의자, 노오란 봄 햇살보다 더 샛노랗게 반짝거리는 어느 집 앞마당의 황홀한 유채꽃까지. 골목에서 마주친 신촌의 모든 풍경이 한 장 한 장 캔버스에 옮기고 싶을 만큼 멋스럽다. 이제 '신촌' 하면 서울의 신촌이 아닌 제주의 이 멋스런 신촌이 제일 먼저 생각날 것 같다.

걷다보니 신촌까지 와버렸네. 후후. 걸어서 옆 마을에 마실 나가 본 적이 언제였던가? 까마득한 어린 시절의 호기심 많던 내 안의 꼬마와 함께 모처럼의 행복한 마실, 참 좋구나.

D+ 036

최고의 벚꽃 구경

라디오에서는 거의 매일같이 '버스커 버스커'의 〈벚꽃 엔딩〉이 울려 퍼진다. 지난 주말에 왕벚꽃 축제가 열린다는 뉴스를 접하긴 했는데, 벌써 벚꽃이 만개한 것인가? 몇 날 며칠 작업실에 틀어박혀 그림만 그렸더니 바깥 풍경이 어찌 변했는지 살짝 궁금해진다. 오늘은 좀 따뜻하려나? 바깥 온도를 감지해보려고 베란다로 나갔더니 발밑이 훤하다. 뭐지? 베란다 창문으로 내려다보니 세상에나 언제 이렇게 벚꽃이 활짝 핀 거야? 며칠 전까지만 해도 듬성듬성 벚꽃이 피어있었는데, 이제는 땅이 보이지 않을 만큼 풍성해졌다. 마치 팝콘처럼 여기저기서 하얀 꽃망울을 톡톡 터뜨리며 부풀어오르는 게 신기하다.

좋아, 오늘은 벚꽃으로 에너지를 충전해볼까나. 어디로 가야 아름다운 벚꽃길을 만날 수 있을지 검색해보니, 제주시의 7대 왕벚꽃 명소로 오라골프장 왕벚꽃, 봉개동 왕벚나무 자생지, 종합경기장 왕벚꽃 군락지, 연삼로 왕벚꽃, 전농로 왕벚꽃, 장전리 왕벚꽃, 제주대학교 왕벚꽃길이 소개되어 있다.

집에서 가까운 전농로를 가니 차량을 통제하고 있는데다가 인근에 차 세울 곳이 마땅치 않아 제주대학교 왕벚꽃길로 차를 돌려 올라간다. 제주에 이렇게 벚꽃이 많았던가? 벚꽃이 피기 전에는 몰랐는데 가로수가 전부 벚나무다. 3월 내내 제주에 머물러보니 유채꽃만큼이나 흔하게 볼 수 있는 꽃이 벚꽃인 것 같다. 예전에 직장 다닐 때는 봄마다 상춘객이 그렇게 부러웠는데, 제주에 오니 어디서든 실컷 벚꽃 구경을 할 수 있으니 올 봄만큼은 내가 부러움의 주인공이다.

제주대학교 사거리에서 정문 쪽으로 좌회전을 하니 약 1km의 왕벚나무 가로수길이 조성되어 있다. 흐렸다 맑았다를 반복하고 있는 변덕쟁이 하늘 때문에 조금 스산한 느낌은 들지만 오랜만에 벚꽃길을 드라이브하니 온몸의 세포가 벚꽃으로 물들어 화사해지는 것 같다.

벚꽃 드라이브를 마치고, 우리 아파트 단지로 들어서는데 도로 양옆으로 벚꽃이 흐드러지게 피어있다. 특히나 맑은 햇살에 반짝거리는 벚꽃이 얼마나 어여쁜지 도저히 그냥 들어갈 수가 없어서 아파트 산책로를 따라 시나브로 걸으며 벚꽃 향기에 실컷 취해본다.

이따금씩 부는 바람에 하얀 벚꽃눈이 날린다. 이제 곧 벚꽃 엔딩이겠구나. 그래도 좋다. 벚꽃이 지고 나면 또 어떤 녀석이 나를 놀라게 할지 기대되는 제주의 봄날이니까. 산책로에 묵묵히 앉아있는 돌하루방도 아름다운 벚꽃 그늘이 좋은지 표정이 해맑아 보인다.

산책로를 따라 벚꽃 구경을 실컷 하고 집에 들어왔는데도 창밖의 벚꽃이 자꾸만 유혹해 또다시 베란다 창문을 열어놓고 벚꽃 삼매경에 빠져본다. 역시 뭐니 뭐니 해도 벚꽃 구경은 우리 집 창문을 통해 이렇게 느긋하게 바라보는 것이 제일 좋은 것 같다.

금방 해가 질 모양이다. 늦은 오후 은은한 노을빛을 머금은 벚꽃 빛깔이 유난히 고와 보인다. 아이고 좋아라. 그야말로 오늘은 하루 종일 제대로 벚꽃 나들이를 즐겨보았네. 이렇게 언제든 원하기만 하면 제주의 멋진 자연 에너지를 곧바로 공급받고 충전해줄 수 있어 참말 행복하다.

D+040

4월 3일, 곤을동에서

제주에 머무니 제주 지방 뉴스를 접할 기회가 훨씬 많아졌다. 예전에 여행할 때는 그냥 흘려버렸던 뉴스까지도 이제는 제주 관련 소식이라면 꼼꼼하게 챙겨 듣게 된다. 어제부터 제주 4 · 3사건에 대한 뉴스가 계속 들려온다. 그동안 제주 여행을 하면서 4 · 3사건에 대해 자주 듣긴 했지만 깊이 있게 생각해보질 못했는데, 오늘이 마침 4월 3일이라 가까운 곳이라도 들러 고인의 명복이라도 빌어드려야 할 것 같아 집을 나선다.

우리 마을 화북동에도 4 · 3의 아픈 상처를 그대로 간직하고 있는 곳이 있다. 화북1동 4440번지에 남아 있는 잃어버린 마을 〈곤을동 마을터〉가 바로 그곳이다. 마을 뒤편으로는 듬직한 별도봉이, 앞쪽으로는 푸른 바다가 끝없이 펼쳐지는 아름다운 해안가에 위치한 곤을동 마을. 지금은 잃어버린 마을의 상징이 되어 텅 빈 집터와 담만 남은 채 4 · 3의 아픔을 웅변해주고 있다. 제주도에는 이렇게 4 · 3사건으로 잃어버린 마을이 120여 곳이나 되는데, 그 중 흔적이 가장 잘 남아있는 곳이 이곳 곤을동이라고 한다. 도대체 그날 이곳 곤을동에는 무슨 일이 생겼던 것일까?

곤을동은 반농반어 생활을 하던 전형적인 제주의 자연마을이었다. 그런데 1949년 1월 5일 오후 3~4시쯤 국방경비대 제2연대 1개 소대가 곤을동을 포위했다. 이어서 이들은 주민을 전부 모이도록 한 다음, 젊은 사람 10여 명을 바닷가로 끌고가 학살하고, '안

곤을' 22가구와 '가운뎃곤을' 17가구 모두를 불태웠다. 다음날인 1월 5일에도 군인들은 인근 화북초등학교에 가뒀던 주민 일부를 화북동 동쪽 바닷가인 '모살불'에서 학살하고, '밧곤을' 28가구도 모두 불태웠다. 그후 곤을동은 인적이 끊기고 폐동이 되었다고 한다.

4 · 3이 일어나기 전까지만 해도 별도봉 동쪽 끝자락에 위치한 이곳 곤을동은 여느 마을처럼 평화로운 제주의 풍경 속에서 평범한 일상을 보내고 있었을 것이다. 그런데 단 이틀 만에 죄 없는 마을 주민이 모조리 학살당하고, 마을이 불에 타 없어지는 엄청난 일을 겪어야 했다. 왜, 무엇 때문에 그 무고한 주민을 잔인하게 학살했을까?

이런 비극은 이곳 곤을동뿐만 아니라 제주 곳곳에 묻혀 있는데, 북촌리 마을의 경우 남녀노소 가리지 않고 400여 명이 학살되었다고 한다. 그리고 몇 십 년의 세월이 흘렀지만 오늘날까지도 희생자 가족과 목격자의 억울한 고통이 여전히 남아 아프게 하고 있다.

누구누구네 소중한 보금자리였을 그곳, 그 텅 빈 집터에 샛노란 유채꽃이 흐드러지게 피어있다. 다른 들판에서 만난 유채꽃은 키가 훤칠한데 이곳의 유채꽃은 왜 이리도 키가 작고 여려 보이는지. 게다가 빛깔은 어쩜 이리도 샛노란지. 마치 너무나도 어이없는 죽임을 당한 그 가여운 영혼들이 샛노란 눈물을 뚝뚝 흘리고 있는 듯하여 더욱 애처로워 보인다.

과거를 되돌릴 수만 있다면, 지금쯤 온갖 봄꽃 향기가 폴폴 풍기는 이곳 곤을동에서도 텃밭에 앉아 쑥쑥 자라나는 풀을 뽑고 계시는 할머니도 만날 수 있었을 테고, 마을 앞 바닷가 작은 공터에서 뛰어노는 아이들의 웃음소리도 들을 수 있었을 테고, 마을로 내려오는 길목 쉼터에 앉아 따스한 봄날의 무료함을 달래며 지나가는 행인에게 인사를 건네는 어르신도 만날 수 있었을 텐데.

그렇게 어이없이 수많은 시간이 흘러 또 다시 찾아온 봄날, 이곳 곤을동 마을터에는 노오란 유채꽃과 무성한 잡초만 가득하고, 무심한 바람 소리와 파도 소리만 울려 퍼지고 있다. 이렇게도 햇살이 고운데, 이렇게도 아름다운 봄날을 누리지 못하고 억울하게 죽임을 당한 그들을 생각하니 분노가 치밀어 오르고 눈물이 난다.

부디 아름다운 곳에서 편히 쉬시기를 기도드린다.

그동안 머리로만 알던 4 · 3사건이 가슴으로 느껴지는 날이 된 것 같다. 제주의 아름다운 자연 경관을 사랑하는 것도 좋지만, 제주의 아픈 역사도 함께 보듬어줄 수 있어야 제주의 머묾이 좀 더 의미 있지 않을까라는 생각을 해본다.

곤을동 마을터

D+043

제주섬에 대한 예의

4월이 되니 햇살은 조금 더 포근해지고 바람 또한 많이 온순해졌지만, 마음은 점점 추워만 간다. 이사 와서 한 달 가까이 매주 가족이랑 친구들이 집에 다녀가고, 함께 여행하느라 정신없이 바빴는데, 이제야 비로소 나 혼자만의 시간이 주어져서 나를 돌아다볼 여유가 생긴다.

며칠 전 곤을동에 다녀온 이후로 생각이 좀 복잡하다. 제주섬에 대해 굉장히 잘 안다고 생각했는데, 정작 내가 아는 건 아무 것도 없었다. 그동안 제주의 아름다운 자연만을 탐해왔던 내가 염치없게 생각되기도 하고, 제주섬으로부터 너무 많은 선물을 받고 있는데, 내가 제주를 위해 해줄 수 있는 게 아무 것도 없다는 것이 마음을 무겁게 한다. 그렇다고 내가 할 수 있는 일이 있는 것도 아니다. 단지 제주의 역사와 문화에 대해 좀 더 관심을 기울이고 알아주는 것. 그게 내가 머물을 허락받은 제주섬에 대한 최소한의 예의일 것 같다는 생각이 든다.

마음도 무겁고 딱히 어딘가로 떠나고 싶은 생각도 없어서 집 가까이에 있는 한라도서관을 찾았다. 지하 1층의 제주문헌실로 내려가니 제주 관련 서적이 무궁무진하다. 작년 가을에 알게 된 유홍준 교수님의 〈나의 문화유산답사기-제주편〉에 소개된 책도 찾아보고, 제주 4 · 3사건 관련 자료도 꺼내 읽어보면서 제주의 역사와 문화에 대해 조금씩 관심을 가져본다.

〈동백꽃 지다〉 붉은 책등에 적힌 〈강요배가 그린 제주 4 · 3〉이라는 글자에 끌려 책을 꺼내본다. 붉디붉은, 그야말로 싱싱한 동백꽃 한 송이가 어둡고 시린 바닥에 노란 얼굴을 묻고 거꾸로 떨어져 있다. 마치 동백나무가 흘린 붉은 눈물 같다는 생각이 들어 한참을 눈을 뗄 수가 없다. 한 장 두 장 조심스레 책장을 넘겨본다.
펜과 붓, 먹, 콩테를 이용하여 그린 모노톤의 담담한 그림이 삼별초 전투, 왜구 퇴치, 이재수 난, 잠녀 반일 항쟁, 강제 노역, 기아, 해방, 인민 위원회, 귀향, 가뭄, 자식을 묻는 아버지 등의 제목으로 담겨있다. 그동안 수많은 활자를 읽으면서도 가슴으로 와닿지 않고 겉돌던 내용이 몇 장의 그림만으로 쉽게 이해가 되고 몰입이 된다. 무차별 발포, 아기를 안고 피살된 여인, 고문, 약탈, 겁간, 횃불 시위, 입산… 점점 뒤로 갈수록 책장을 넘기는 손이 부르르 떨리고, 다리가 후들거린다.
책장 옆 빈 의자에 털썩 주저앉아 다시 호흡을 가다듬고 책장을 넘겨본다. 컬러가 허용된 아크릴화로 넘어갈수록 그날의 악몽 같은 처참한 현장이 더욱더 사실적으로 묘사되어 눈을 마주치기가 겁이 날 정도다. 잔디 위에 엎드려 망보는 소년들, 비 내리는 날 흙빛 얼굴이 되어 포로로 끌려가는 사람들, 그리고 나무 위에 처참하게 매달린 주검 옆에 〈부모들〉이라는 제목으로 쓰인 글이 있다.

강요배, 〈부모들〉, 1992, 캔버스 아크릴릭

경찰은 주민들을 집결시킨 후 먼저 한 부인을 끌어내더니 옷을 홀딱 벗겼습니다. 배가 많이 나온 임산부였습니다. 남편이 산에 오른 사람이라고 하더군요. 경찰은 그 부인의 겨드랑이에 밧줄을 묶어 팽나무에 매달아놓고 대검으로 마구 찔렀습니다. 이어 토벌대는 주민들을 선별하기 시작했습니다. 소위 '폭도 가족'을 가리는 것인데 우리는 아버지가 앞서 토벌대에게 총살당했다는 이유로 끌려나오게 됐습니다. 우린 4형제였는데 열세 살이던 내가 장남이고 밑으로 열한 살, 일곱 살, 그리고 젖먹이 동생이 있었습니다. 어머니의 호소로 동생들은 풀려났지만 나는 '눈망울이 동글동글한 게 폭도들에게 연락함직한 놈'이라며 풀어주지 않았습니다. 결국 13명이 인근 밭으로 끌려가게 됐는데, 경찰들은 '칼로 찔러 죽이자' '시간 없으니 총으로 쏘자'며 자기들끼리 잠시 실랑이를 벌였습니다. 순간 총소리가 요란하게 나자 어머니가 나를 덮치며 쓰러졌습니다. 총에 맞은 어머니의 몸이 요동치자 내 몸은 온통 어머니의 피로 범벅이 됐습니다. 난 경찰이 떠날 때까지 어머니 밑에 깔려 있어서 무사했습니다. 이렇게 해서 우리는 졸지에 고아가 됐는데 일곱 살 난 동생은 홍역으로, 젖먹이 막내는 젖을 못 먹어 곧 죽었습니다. 만일 영화나 연극으로 만든다면 난 그날의 모습들을 똑같이 재연할 수 있을 정도로 너무도 눈에 선합니다. 어찌 잊을 수 있겠습니까.

이런 미친 새끼들. 분노가 치밀어 오른다. 너무나도 어이가 없고 속이 메스껍다. 마치 4 · 3사건을 다룬 처참한 다큐 영화를 보는 것 같다.

용기를 내어 다시 한 장 한 장 책장을 넘기며 그림 속의 이야기를 읽는다. 천명, 학살, 붉은 바다, 광풍, 이승과 저승 사이, 젓먹이, 동백꽃 지다, 꽃비, 빈 젖, 빌레못굴의 유골, 팽나무와 까마귀, 북 48년, 흙 노래, 살 노래, 뼈 노래…. 가슴이 떨리고 눈물이 난다.

그간 제주 여행을 하면서 봐왔던 아름다운 풍경 곳곳에 4 · 3의 피눈물이 스며있었구나. 이 아름다운 천국 같은 섬에 이런 참극의 역사가 숨겨져 있었다니. 어떻게 이런 일이 자행될 수 있었을까? 어쩌면 제주도가 섬이라서 더 철저하게 고립시키고, 더 잔인하게 기만하고 학살을 자행할 수 있지 않았나 싶다. 왜 제주 사람들이 육지 사람들을 경계하고 불편해하는지 이제는 그 마음을 이해할 수 있을 것 같다.

이렇게 아픈 그림을 그린다는 게 쉽지 않았을 텐데, 크나큰 고통이 되었을 때, 그걸 감수하고 이 시리고 아픈 이야기를 그림으로 그려 내놓으신 강요배 님께 감사드리고 싶다.

도서관에 오기 전의 복잡한 마음이 온통 아픔과 먹먹함으로 변해 간다. 내가 할 수 있는 일이라고는 이렇게 조금씩 제주를 이해하고, 알아가는 일뿐이라 그저 죄송하다.

D+051

외유 01_한강마라톤

어젯밤에 마라톤을 뛰기 위해 제주에서 서울로 올라와 모처럼 온 가족이 모여 파티를 했다. 단순히 '뛴다'는 개념을 넘어서서 거대한 축제 같은 분위기가 너무 좋아 올해로 네번째로 마라톤에 참가하고 있는데, 처음에는 마라톤에 부정적이던 우리 가족도 재작년에 내가 뛰는 것을 본 이후로 마음이 달라졌는지 작년부터 다 함께 마라톤에 참가하고 있다. 그리고 무엇보다 마라톤을 핑계로 흩어져 있던 가족이 모이고, 또 하나의 가족 모임으로 자리 잡게 된 것도 마라톤이 우리에게 안겨준 큰 선물이다.

밤새 바람도 심하고 비가 많이 내려 걱정했는데, 다행히 새벽녘부터 비가 개고 서서히 하늘이 맑아지고 있다. 오늘 마라톤에 참가하는 수많은 러너의 간절한 바람이 통한 것일까?

7시 30분, 이른 아침인데도 미사리 조정경기장에는 발 딛을 틈 없을 만큼 참가자가 가득하다. 출발선으로 몰려드는 노란 빛깔의 유니폼이 이제 막 꽃망울을 터뜨린 개나리꽃처럼 상큼하고 생동감이 넘친다. 올해는 그 어느 해보다 마라톤 신청이 일찍 마감되었고, 젊은 청춘이 많이 모인 것 같다. 이번 마라톤에는 여섯 살짜리 우리 조카도 5km 코스에 참가하는데, 마라톤이 점점 더 어린 친구들에게까지 흥겨운 축제의 장으로 자리 잡아가는 것 같아 보기 좋다.

9시, 스타트라인 하늘 위로 축포가 터지면서 풀 코스 참가자들이 힘찬 출발을 한다. 이어서 하프 코스 참가자들이 출발하고, 그리고 10km 코스 참가자들이 출발선에 선다. 출발선에 서니 쿵쾅쿵쾅 가슴이 요동친다. 떨려서라기보다는 기대감과 설렘이 만들어내는 기분 좋은 심장박동 소리다. 다들 설렘과 즐거움이 가득한 얼굴로 음악에 맞춰 가볍게 몸을 풀면서 출발시간을 기다린다.

"안녕하세요. 하늘 한번 쳐다보면서 함성 5초간 질러주세요."

"아~~~~~~~~아~~~~~~~악!"

경기장이 떠나갈 듯 큰 소리로 함성도 질러주고, 신나는 댄스곡에 맞춰 경직된 근육도 풀어준다. 사회자의 우렁찬 목소리와 함께 이어지는 흥겨운 클럽 같은 분위기에 다들 흠뻑 빠져든 것 같다. 출발도 하기 전에 대회장의 열기가 후끈후끈하다.

"출발~!"

9시 25분, 드디어 출발신호에 맞춰 노란 물결이 넘실거린다.

대회에 참가한다고 며칠 전부터 무리하게 연습한 탓인지 무릎 컨디션이 그다지 좋지 않다. 무릎에 무리가 가지 않게 사뿐사뿐 가볍게 두 발을 내딛으며 제자리 뜀을 하듯 천천히 러닝을 시작해본다. 출발할 때까지만 해도 추워서 몸을 움츠리고 있었는데, 조정경기장을 따라 뛰다보니 어느새 땀이 주르륵 흐르고, 경기장의 시원한 강바람이 고맙게까지 느껴진다. 우려했던 것과는 달리 무릎은 잘 버텨주고 있고, 넘실대는 거대한 노란 물결은 조정경기장을 한 바퀴 돌아 팔당대교 쪽으로 방향을 틀어 올라가고 있다. 어찌나 목이 타는지 음료수를 받아들고 벌컥벌컥 들이마시곤 또 열심히 날갯짓을 해본다.

유모차에 아이를 싣고 뛰는 아빠도 보이고, 초등학교 저학년으로 보이는 꼬마도 보이고, 초반에 너무 힘차게 뛰어 더 이상 뛰지 못하고 걷는 사람도 보이고, 각자의 사연은 제 각각이지만 이 길 위에 서있는 사람들의 열정과 이 시간을 즐기는 모습은 비슷비슷해 보인다.

이걸 누가 억지로 시켜서 하라고 했다면 싸움 났을 텐데, 서로 좋아서 자발적으로 참여한 것이니 힘든 러닝을 하면서도 시종일관 행복한 표정이 가득하다. 특히 이 길 위에 서 있는 모든 사람이 오늘 처음 만났는데도 노란색 유니폼을 같이 입었다는 것만으로도 묘한 동지애 같은 게 생겨서 서로에게 배려도 많이 해주고, 다 함께 즐기는 분위기가 정말 좋다.

올해 처음 마라톤에 참가하는 경미랑 함께 이야기도 하고, 주변 경치도 즐기면서 나란히 뛰어가니 전혀 힘든 줄 모르겠다. 5km를 뛰는 우리 조카도 잘 뛰고 있겠지?

마라톤의 흥겨운 분위기를 즐기다보니 어느새 신풍지하차도 위 반환점을 돌아 다시 출발 지점을 향해 되돌아 내려간다. 시간이 갈수록 점점 다리는 무거워지고 있지만, 그만큼 남은 거리도 짧아지고 있다는 생각에 힘이 나는 것 같다. 등산할 때 정상이 가까워지는 순간과 비슷한 느낌이다. 드디어 골인 지점이 눈앞에 나타나고 도로 양옆으로는 오늘의 러너를 응원하는 수많은 사람의 응원 열기로 뜨겁다. 도로 중앙에 서서 오늘의 러너를 찍는 사진가를 향해 손으로 브이를 만들며 싱긋 미소를 날려본다.

드디어 피니쉬 라인을 통과. 러닝을 멈추니 다리는 후들후들, 얼굴은 뜨겁게 화끈거리지만 1시간 17분 동안 쉼 없이 제 속도를 유지하며 잘 버텨준 내 두 다리와 튼튼한 내 심장이 너무나도 자랑스럽다. 기록 칩을 반납하고, 메달과 간식을 받아서 흩어져있는 가족을 기다리며 여전히 콩닥거리는 심장과 화끈거리는 열기를 식혀본다. 다행히 다들 각자의 코스를 완주하고 한자리에 모였다. 함께 뛰지는 않았어도 각자의 코스에서 저마다 최선을 다하고 신나게 즐기고 왔음을 가족의 상기되고 환한 표정에서 읽을 수 있었다. 다들 내년에도 또 뛰겠다고 한다. 매일매일 이렇게 밝고 힘찬 에너지로 활짝 웃고 살 수 있으면 참 좋겠다. 올해도 한강마라톤은 우리 가족에게 흥겨운 축제의 시간을 선물해주었다.

아, 그런데 사랑하는 가족과 헤어져 다시 제주로 내려가려니 왜 이리 섭섭하고 서글프지?

D+055

무제 01

바람이 좋다.

왜 좋으냐고?

그냥 처음 본 순간부터 무작정 사랑에 빠져버렸다.

오늘도 바람이 그리워서 배낭 하나 달랑 메고 오름을 오른다.

오늘은 또 어떤 바람을 만나게 될까?

손끝에 바람이 머문다. 얼마나 보드라운지 곧바로 바람의 향기가 온몸으로 스며든다. 그리고 잠시 바람이 된다.

바람 향기 폴폴 날리며 오름을 걷는다.

그런데 왜 이렇게 쓸쓸하지?

아마도 바람 때문일 게다.

손끝에 머물던 바람은 벌써 떠나고 이내 홀로 남겨졌으니까.

바람, 바람이 또 유혹한다.

바람을 붙잡아두면 이곳에 머무는 일이 쉬워질까?

그렇게 쉬이 잡힐 바람이 아닌데도, 알면서도 늘 바람을 붙잡고 싶은 건 왜일까? 아니, 바람이 되어 어디론가 또 떠나고 싶다.

내게 머묾은 왜 이리도 힘든 것일까?

머묾의 인내를 견뎌야만 떠남이 더욱 아름답다는 걸 잘 알면서도 내게 머묾은 참으로 어려운 미션이 된다.

삶의 책임, 삶의 의무.

D+058

안녕 프로젝트?

"안녕하세요, 안녕 프로젝트 게스트하우스입니다."

어떻게든 떠나고픈 바람을 달래주려고 게스트하우스에 전화했더니 어쩜 목소리가 이렇게도 해맑고 상냥한지, 한 번도 가보지 않은 그 낯선 공간에 대한 기대지수가 한 순간에 급상승한다. 게스트하우스를 예약할 때는 전화통화로 쥔장의 분위기를 느끼기 위해서 꼭 직접 전화 예약을 한다. 물론 전화 받는 목소리로 모든 것을 판단할 수는 없겠지만, 기본적으로 상냥하고 따스하고 편안한 스타일인지는 어느 정도 감이 잡히니까 말이다.

그런 면에서 보면 〈안녕 프로젝트 게스트하우스〉는 내 맘에 일단 합격이다. 며칠 시리고 우울했던 마음이 한순간에 기대와 설렘으로 바뀌어 모처럼의 나들이를 들뜨게 만들어준다. 자, 그럼 안녕 프로젝트 게스트하우스를 찾아가볼까나.

일주버스를 타고 구좌읍 동복리 버스정류장에서 하차하여 골목길을 따라 올라가니 곧바로 인터넷에서 눈맞춤하여 익숙한 게스트하우스 건물이 보인다. 대문 옆에 쓰인 〈안녕 프로젝트 게스트하우스〉 명판을 보니 나도 모르게 '안녕' 하고 인사를 건네게 된다.

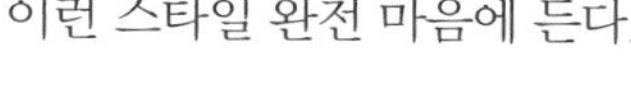
이런 스타일 완전 마음에 든다.

대문 안으로 들어서니 '놀이터'라고 쓰인 해맑은 아이보리 컬러의 네모난 건물이 눈에 띈다. 놀이터? 왠지 이곳에 머물면 무지 재미있는 시간을 보낼 것 같은 기분이 들어 신기해하며 사진을 찍고 있는데 쥔장님한테 딱 걸렸다. 오호, 쥔장님의 첫인상은 전화 목소리랑 똑같았다. 정말 해맑은 미소를 지닌 분이시다. 상상 속의 인물과 똑같다니, 이런 일치감 아주 좋다. 왠지 이곳에서 기분 좋은 휴식을 보낼 것 같은 예감이 강하게 밀려온다.

게스트하우스 거실로 들어서니 초록색 책장이 제일 먼저 눈에 들어온다. 이미 읽은 낯익은 책도 보이고, 새로운 정보가 담긴 낯선 책도 보인다. 내가 이용할 룸은 2층 침대 세 개가 놓인 아담한 6인실 도미토리다. 각 침대마다 전기매트가 있어서 각자 온도 조절을 할 수 있지만 기본적으로 마루바닥이 따뜻해서 추위 걱정은 하지 않아도 될 것 같다. 침구도 깨끗하고, 룸 공기가 쾌적해서 마음에 들었다.

안쪽 1층 침대를 찜해놓고, 여기저기 구경을 하다보니 룸 한쪽에 놓여있는 컬러풀한 사물함 상자가 시선을 끈다. 그리고 맨 위에 붙어있는 메모지의 글자들.

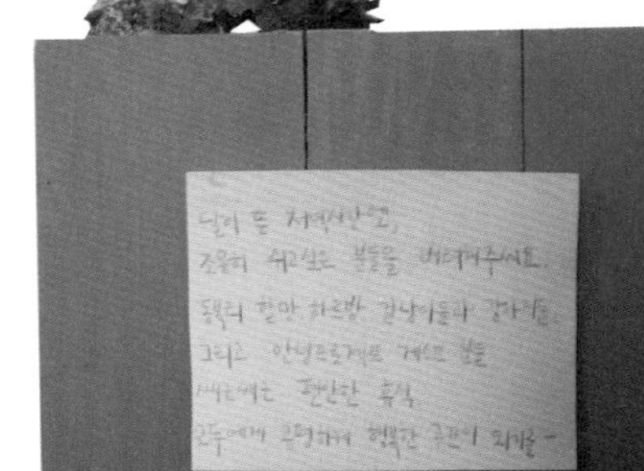

달이 뜬 저녁시간에는 조용히 쉬고 싶은 분들을 배려해주세요.
동복리 할망, 하르방, 길냥이들과 강아지들
그리고 안녕 프로젝트 게스트 분들
쌔근쌔근 편안한 휴식.
모두에게 공평하게 행복한 공간이 되기를.

와우, 완전 센스 만점 메모다. 이 얼마나 귀엽고 상냥한 부탁인가. 이걸 보고 다들 미소 지으며 살금살금, 소곤소곤 얌전한 게스트로 변신한다.

게스트룸 구경을 마치고 다시 놀이터 건물로 이동한다. 원두커피 1,000원, 허브차와 레몬티 2,000원. 난 레몬티. 음, 향긋하다. 직접 집에서 담그셨다는데 어쩜 이렇게 향긋하고 맛있는지! 홀짝홀짝 마실 때마다 행복감이 상승하는 맛이랄까.

"왜 안녕 프로젝트라고 이름을 지으신 거예요?"

"여러 가지 뜻을 품은 우리나라말 '안녕.' 참 예쁘고 귀여운 말이라고 생각했어요. 정다운 인사도 되고, 섭섭한 인사도 되고, 평안의 바람도 되는 그런 말. 아무렇지 않게 지나는 것 같은 하루도, 각자 다른 색으로 옷을 갈아입는 사계절도, 안녕이란 단어와 닮았다는 생각을 간혹 하곤 합니다. 그렇게 우리는 매일 인사를 하고, 하루와 사계절도 지나가겠지요. 거창한 다짐이 아니어도 좋아요. 프로젝트라니! 하하. 귀여운 다짐 정도로 봐주셨으면. 그리고 모두가 안녕하길."

간만에 참 근사한 생각을 가진 사람을 만나니 기분까지 환해진다. 여행자에게는 여행지에서 만나는 풍경도 특별하지만, 여행지에서

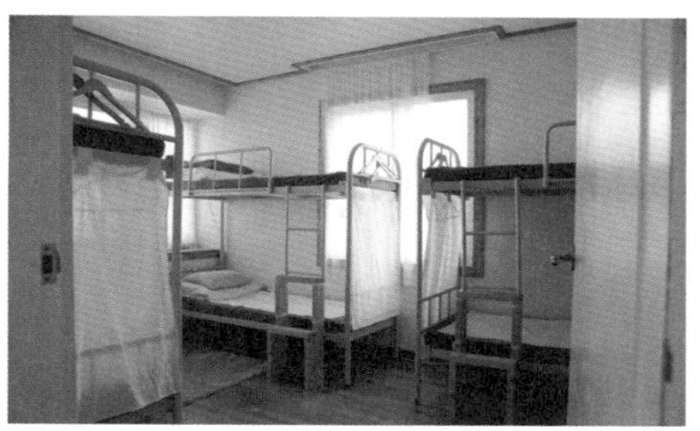

만나게 되는 사람도 특별하다. 더더욱 이렇게 멋진 생각을 가진 사람을 만날 때면 여행의 시간이 한층 풍요로워짐을 느낀다.
향긋한 레몬티와 쥔장님의 멋진 철학이 담긴 메시지를 음미하며 동복리 마실을 나서는데 벌써 밖은 따스한 노을빛으로 곱게 물들어 있다. 예전에도 일몰을 보기 위해 종종 들렀던 해안 길, 다려도 너머로 지는 석양이 참 곱다. 며칠 마음이 시려 너무 춥고 외로웠는데, 따스한 노을빛에 녹은 것인지 어느덧 빙그레 노오란 미소가 지어진다.
며칠 전 여행 온 친구를 배웅해주려고 공항에 갔다가 내 안에 잠들어있는 떠남의 욕망이 꿈틀거려 깜짝 놀랐다. 공항에서 배낭 메고 티켓팅하는 사람을 보니 나도 어딘가로 다시 떠나야 할 것 같은 바람이 마구 일렁였다. 그 욕망을 참고 공항을 뒤로하고 돌아오는데 눈물이 났다. 이건 분명 심각한 병이다.

이봐 썬, 정신 차리라고. 지금 이곳은 네가 그렇게도 간절히 원했던 제주 아일랜드잖아. 넌 지금 이곳에서 여행 중인 걸 잊었어? 그래, 나는 제주섬에서 1년을 목표로 여행 중이지. 그렇지만. 갑자기 또 떠나고픈 걸 어떡하냐. 그렇게 며칠 동안 마음이 답답해서 끙끙 앓았다.

그러다가 이곳 〈안녕 프로젝트 게스트하우스〉를 찾았는데, 잠깐의 머묾으로 내 아픈 마음이 치유가 된 게 참말 신기하다. 안녕 프로젝트의 무엇이 내 마음을 치유한 걸까? 어쩌면 이곳 안녕 프로젝트의 안녕, 안녕, 안녕. 그 단어에 마법이라도 걸어놓은 걸까?

“안녕하세요.”

“네, 안녕하세요.”

이곳에서 낯선 여행자를 만날 때마다 몇 번이나 이렇게 안녕이라는 인사를 주고받았다. 그리고 보니 ‘안녕’ 참말 강력한 파워를 가진 단어 같다. 어쩌면 나는 ‘안녕’ 하고 인사를 나눌 대상이 그리웠는지도 모르겠다. 누군가와 ‘안녕’을 나누면서 자연스레 마음이 안녕하게 된 것이 아닐는지.

춥다고, 외롭다고, 떠나고 싶다고 잔뜩 웅크리고 있던 내 안의 꼬마가 다시 쾌활함을 되찾는다. 그리고 다시 설레는 꿈을 꾼다. 이곳 제주에도 내가 만나봐야 할 ‘안녕’이 엄청나게 많다는 걸 깨닫는다. 또 어느 길에서 어떤 ‘안녕’을 만나게 될지 모르겠지만, 마음 속 가득 ‘안녕’을 준비해둔다.

안녕!!!

D+060

비가 내려도 괜찮아, 사려니숲

또 비가 내려. 어쩌지? 뭐가 걱정이야? 비오는 날엔 숲에 가면 되잖아. 비자림으로 가볼까? 아니, 절물 자연휴양림이 좋을 것 같아. 서귀포 자연휴양림은 어때? 교래 자연휴양림도 있어. 이런 날엔 저지오름도 좋더라. 뭐, 어디든 괜찮아. 비오는 날엔 어느 숲이든 괜찮아. 그렇지만 지금 이 순간 사려니숲이 생각나네. 좋아. 그럼 오늘은 사려니숲으로 가보자.

키다리 삼나무들아, 안녕? 초록 새싹들도 안녕? 사려니숲아, 안녕? 이 길에 서면 참 좋아. 왠지 모르게 편안해지거든. 판초랑 우산만 있으면 비가 내려도 걱정 없어.
오늘도 나는 꼴찌. 늘 이 길에 서면 나는 꼴찌가 된다. 그래도 좋아. 천천히, 아주 천천히 걷는 게 좋아.
성큼성큼 한 무리의 사람이 지나가고, 콩닥콩닥 설렘이 묻어나는 연인도 지나가고, 이제 이 길은 온전히 내 꺼가 된다. 아, 좋다.
얼마 전에 다시 찾은 내 꺼 보물, 꿈꾸는 숲. 훔쳐도 훔쳐도 자꾸 훔쳐가고픈 내 보물.

계속 비가 내려도 괜찮아. 사려니숲에선 봄비는 특히 대환영이니까. 봄비로 물든 벤치에 앉아 나도 함께 초록 꿈을 꾼다. 어느새 내 몸에서도 초록 향기, 봄비 향기가 폴폴 새어나온다.

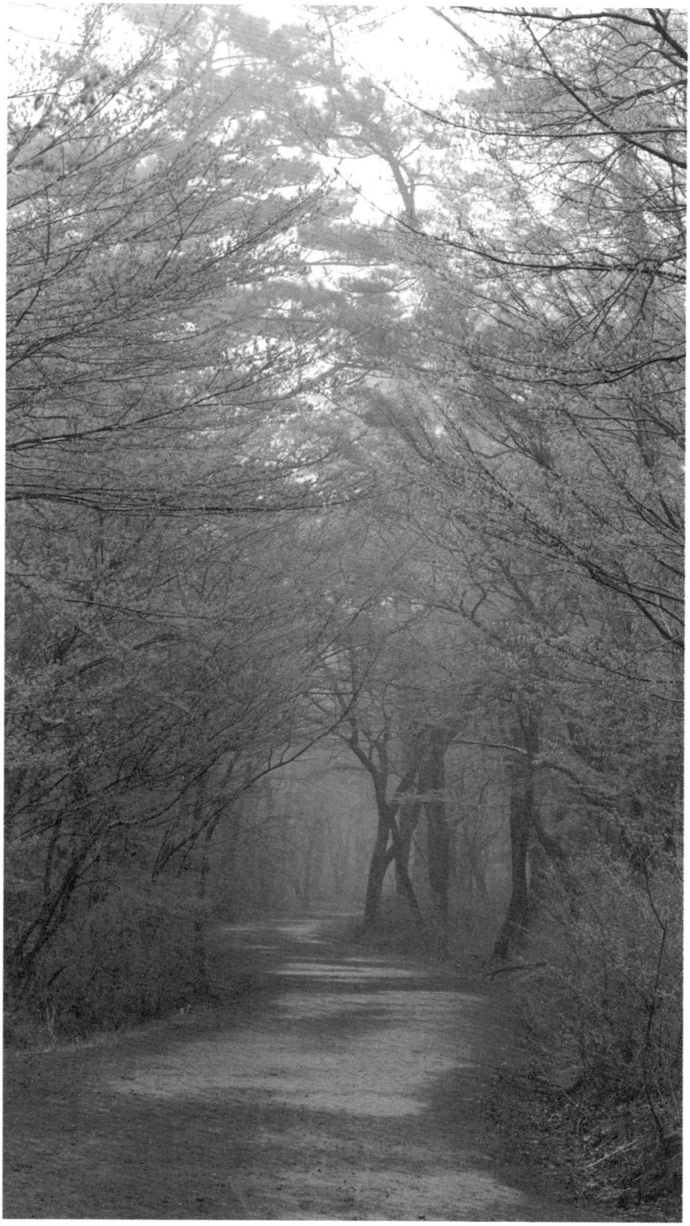

SPRING
제주도의 봄

SUMMER
제주도의 여름

AUTUMN
제주도의 가을

WINTER
제주도의 겨울

D+062

내 사랑 아끈다랑쉬

4월 25일, 오늘 하늘은 무진장 맑고 유혹적임. 하늘이 너무나도 파아랗고 예뻐서 무작정 집을 나섰다. 어디로 갈까? 그냥 내 손과 내 발이 기억하는 데로, 내 마음이 이끄는 데로 달려가 보았다. 또 너야? 좋은 데 이유가 있을까? 못 본 지 며칠이나 됐다고 또 그리워서 찾아왔군. 제주에는 360여 개나 되는 오름이 있다는데, 내게는 이 녀석이 제일 사랑스럽고 예뻐 보인다. 언젠가 이 녀석을 처음 봤을 때, 얼마나 앙증맞고 사랑스러운지 주머니에 쏙 넣고 다녔으면 좋겠다 생각한 적이 있다. 보면 볼수록 정이 가고, 내 마음을 자꾸 꺼내서 보여주고 이야기하고픈 오름이다.

안녕, 아끈다랑쉬야.

오름 주변으로 갯무꽃이 흐드러지게 피어있다. 얼마나 아름다운지! 너무 예뻐서 눈물이 날 정도다. 살랑살랑 봄바람에 실려온 향긋한 갯무꽃 향기가 찐하게 코끝을 간지럽힌다.

아끈을 앞에 두고 걷다가 너무 예뻐서 멍하니 바라보다가, 다시 또 걷다가 멈춰서 멍하니 바라보길 몇 차례. 어쩜 저렇게도 사랑스러운지. 내 눈에도 쏙 훔쳐 담아보고, 내 맘에도 쏙 훔쳐 넣어보고, 내 손에도 쏙 훔쳐 느껴보고… 얼마만큼 더 바라보면 너를 기억할 수 있을까? 언제쯤이면 하얀 아르쉬지에 널 그려줄 수 있을까?

버금가는 것, 둘째가는 것이라는 뜻을 가진 '아끈.' 바로 옆 다랑쉬오름에 버금가는 아름다움을 가진 아끈다랑쉬오름. 내가 봤을 때, 네가 단연 최고라 생각해.

이 녀석, 너무 키가 작아서 5분 만 걸어 올라가면 황홀한 길 위에 나를 세우고 어찌할 바 모르게 만드는 묘한 재주가 있다. 손을 뻗으면 닿을 듯 용눈이오름이 가까이 앉아있다.

안녕, 용눈아.

맑은 하늘 덕분에 성산일출봉과 우도도 훤히 보인다.

안녕, 우도야.

안녕, 성산일출봉아.

손바닥으로 쓰윽쓰윽 쓰다듬어주면 좋을 것 같은 아끈의 고운 능선. 벌써 저 밑엔 초록 향기 가득한데, 아직 이곳은 마른 억새의 울림만 가득하다. 아, 바람의 향기가 온몸으로 스며든다.

오늘은 내게 무슨 이야기를 들려주려나?

아끈다랑쉬오름

그래 알아. 내가 바람이 될 수 없다는 거. 바람처럼 마냥 떠돌 수 없다는 것도 잘 알지. 이렇게 가끔씩 바람을 느끼고 바람의 이야기를 전해들을 수 있다면 그걸로 만족할 거야.

아끈다랑쉬오름에 취해 떠날 줄 모르는 나의 오늘이 서서히 저물어가고 있다. 제주섬의 저녁은 여전히 춥다. 바람에 너무 많이 물든 탓인지 한기가 느껴진다. 아끈을 내려와 다시 아끈을 올려다본다. 아, 예쁘다! 바람과 함께 하루 종일 이곳에 머문 덕분인지 온 세상이 다 예쁘게 보인다.

오늘도 참 행복한 하루! 아끈아, 고마워. 바람아, 고마워.

안녕!

아끈다랑쉬오름에서 바라본 용눈이오름

D+070

내가 그린 그림 01

파릇파릇 호박넝쿨 이파리가 가득한 돌담길, 익어가는 봄볕에 호박꽃은 노란 미소를 터뜨리고, 노란 미소 아래 큰 꿈을 품은 호박이 주렁주렁 열리게 될 정겨운 골목길, 그 길을 수채화로 담아보았다.

새하얀 아르쉬지에 큼직큼직한 이파리를 쓱쓱 그려주고, 구석구석 그늘진 곳을 찾아 어둠을 깔아주면 2B연필의 임무는 끝이 나고, 이제 샙 그린, 비리디안 휴, 반다이크 브라운, 프러시안 블루가 나설 차례. 그늘진 부분부터 과감하게 칠해주고, 밝은 부분을 조심조심 터치하면 파릇파릇 잎사귀가 살아나고, 마지막으로 골목길을 묘사해주면 끝.

3월 중순에 스케치를 시작해서 무려 한 달 넘게 붙잡고 있다가 이제야 놓아준 그림.

제주로 이사 와서 처음으로 완성한 그림이다. 이상하게도 도전 과제가 많은 그림이 좋다. 묘사할 부분이 많을수록, 세밀할수록 도전 욕구가 상승하는 건 왜일까?

내가 그린 그림은 여전히 개선할 곳 투성이라 만족스럽진 않지만, 이 골목길에 머무는 동안, 이 풍성한 이파리를 그리는 동안 많은 에너지를 얻고 충분히 즐거웠으므로 오늘도 내가 그린 어설픈 그림은 참 행복하다.

〈호박잎이 있는 골목길〉, 2013, watercolor on arches

D+083

나만의 공간, 꿈꾸는 숲

참 신기하지? 똑같은 장소인데도 매번 올 때마다 익숙한 듯하면서도 새로운 느낌이 드는 사려니숲. 사계절 변화하는 나무 때문이기도 하겠지만, 날씨 또한 이곳의 분위기를 많이 좌우하는 것 같다. 특히 이렇게 보슬비가 내리면서 안개가 자욱한 날에는 더더욱 그렇다.

사려니숲에 들어서면 꼭 어디까지 걸어가야 한다는 조급함이 없어서 좋다. 그냥 내가 원하는 만큼 걸어가고, 원하는 곳에서 멈추고, 원하는 만큼 머물다 올 수 있어 좋다. 두근두근, 콩닥콩닥. 이곳으로 들어설 때면 늘 가슴이 설레고 요동친다. 보고 또 봐도 설렘의 대상이 있다는 건 참 행복한 일이다.

안녕, 사려니.

안개 자욱한 몽환적인 그림 속으로 들어간다. 숲길에 깔린 물기를 촉촉이 머금은 붉은 송이를 밟으며 걷다보니 귓가를 간지럽히는 경쾌한 소리에 기분이 절로 좋아진다. 사그락사그락 사그락사그락.

드디어 내 아지트에 도착. 사려니숲을 찾을 때는 꼭 들르는 나만의 공간, '꿈꾸는 숲'이라고 이름까지 지어준 바로 요기. 요즘 이곳을 스케치하고 있는 중이다. 어떤 나무가 있는지, 어느 위치에 자리하고 있는지, 어떻게 가지가 뻗어있는지 유심히 관찰하고 눈 속에, 마음속에 새긴다.

아~ 좋다. 음~ 향긋하다. 참 싱그럽다. 이 시원하고 촉촉한 느낌. 좋다좋다, 아주 좋다.

코끝으로 스미는 향기에 취해, 온몸으로 파고드는 상쾌한 공기에 취해, 귓가를 간지럽히는 아름다운 소리에 취해, 한 시간, 두 시간, 하염없이 꿈꾸는 숲에 머물며 꿈을 꾼다.

나는 믿고 있다. 꿈을 꾸면 반드시 이루어질 거라고. 과거에도 그랬고, 현재에도 그렇고, 미래도 그럴 것이다. 한동안 바람의 유혹에 빠져 떠남의 욕망을 잠재우느라 힘들었다. 이제 이 길 위에 조금 더 많이, 더 행복하게 머물 수 있을 것 같다.

행복하니?

네. 지금 아주 많이 행복합니다.

오늘도 많이많이 고맙습니다.

S U M M E R

D+100

초록 내음 폴폴, 영실 탐방로

좋다, 와 좋다, 완전 좋다, 정말 좋다, 너무나도 좋다, 진짜로 좋다, 억수로 좋다….

경미와 나는 '좋다'로 표현할 수 있는 모든 감탄사를 쉼 없이 쏟아내며 신이 났다. 우리는 즉석에서 만든 '좋다Song'까지 흥얼거리면서 영실의 초록 숲으로 정신없이 빨려 들어갔다. 며칠 전 한라산에 내린 폭우로 이곳 영실 계곡에도 제법 기운찬 물살이 흐르고 있다. 아, 오랜만에 들어보는 청량한 계곡의 물소리, 참 좋다.

모처럼 제주를 찾은 경미, 일을 너무 많이 해서 오른쪽 어깨를 다쳤단다. 책상 앞에 앉아서 하루 종일 원고 쓰고, 교정지 들여다보느라 과로하여 어깨가 찢어졌다는데 어떻게 그런 일이 있을 수 있는 건지. 그래도 기어이 한라산에 오르겠다고 오른팔은 움직이지도 못하고, 왼팔에만 의존해서 저러고 간다. 옛날 내 모습을 보는 것 같기도 하고, 자기가 그리 좋아서 하는 일이니 뭐라 말할 수도 없고, 그저 말없이 응원하며 지켜보는 수밖에 없을 것 같다. 사무실에서 벗어나 이렇게 걷는 것만으로도 힐링이 되고 아픔을 싹 잊게 된다는 경미. 그래, 역시 한라산의 효과가 짱이지?

경사가 심한 계단을 오르니 땀이 비오듯 흐르고 심장이 요동친다. 조금만 더, 조금만 더. 가쁜 숨을 몰아쉬며 경사진 돌계단 길을 벗어나니 드디어 시원한 하늘이 펼쳐진다. 와우, 더 이상 말이 필요 없는 영실 계곡의 절경이 펼쳐진다. 초록으로 뒤덮인 기암괴석의 웅장함이란! 어쩜 저리도 아름다울 수 있을까!

풍성한 초록빛에 물들어 가쁘게 내쉬는 내 숨소리에도 초록이 묻어나고, 주변의 모든 것이 온통 초록 내음으로 진동하는 것 같다.

앗, 그런데 초록을 뚫고 고개를 내민 저 녀석은 노루?

노루야, 안녕? 배가 엄청나게 고팠는지 이곳 영실 계곡의 조릿대를 모두 먹어버릴 기세로 폭풍 흡입하고 있다. 아이고 귀여워라. 한참을 쳐다보고 있는데도 아랑곳 않고 아침 식사에 푹 빠져있다. 안녕, 다음에 또 보자. 씩씩하고 건강하게 자라렴.

다시 계단을 따라 좀 더 높이 오르니 바람의 향기가 점점 근사해진다. 뒤를 돌아다보니 서귀포 시내가 한눈에 들어온다. 저 멀리 서쪽 해변으로 볼록 솟은 산방산도 보이고, 동쪽으로 거슬러 올라오면 중문의 컨벤션센터가, 그리고 바로 앞에 범섬까지도 훤히 내려다보인다. 한라산 자락에 앉아있는 올망졸망한 오름들은 또 어찌 이리도 앙증맞고 사랑스러운지! 가파른 능선 위로 뾰족뾰족 늠름하게 고개를 내민 오백장군봉과 수직으로 뻗어있는 병풍바위까지 이곳 탐방로에서 바라다 보이는 모든 풍경이 그림처럼 아름답다. 붉은 철쭉꽃은 며칠 전 내린 폭우로 많이 시들어 떨어지긴 했지만 여전히 향긋하다.

정말이지 이곳에 올라서면 눈앞에 펼쳐진 신비스러운 풍경에 취해서 두 발이 어떻게 산을 오르는지 모를 지경이다. 점점 더 위로

오를수록 발아래 펼쳐진 매혹적인 초록 숲에 매료되어 자꾸만 뒤돌아 내려다보고, 보고 또 보고, 계속 들여다보게 된다.

아이고. 이렇게 넋 놓고 구경하다가 오늘 안에 윗세오름에 올라가겠어? 흐흐. 못 가면 어때? 지금 이 순간, 이 느낌만으로도 충분히 행복한 걸. 그리고 내일 또 오면 되는데, 뭐가 걱정이야? 이건 제주섬을 가진 자만의 여유? 하하.

이곳 영실 탐방로는 오르내리는 과정이 참 행복한 등산로다. 산을 오르면서 이리도 황홀한 경치를 감상하며 여유를 부릴 수 있는 등산로는 흔치 않을 것이다. 이곳 영실을 오르다보면 정상을 향해 앞만 보고 달려가기보다는 머무는 순간순간의 기쁨을 깨닫게 된다. 우리 삶도 기어이 목표를 달성하는 것도 좋겠지만, 과정 그 자체가 여유롭고 즐거워야 목표를 달성했을 때 진짜로 행복하고 의미 있지 않을까 생각해본다.

탁 트인 풍경을 뒤로하고 구상나무 숲길로 들어선다. 구상나무는 소나무과에 속하는 상록교목으로 전세계에서 우리나라 제주도, 지리산, 덕유산, 무등산에서만 자생하고 있다고 한다. 키는 18m에 달하며 오래된 줄기의 껍질은 거칠고 어린 가지에는 털이 약간 있으며 황록색을 띠지만, 자라면서 털이 없어지고 갈색으로 변하며 멀리서 보면 나무 전체가 아름다운 은색이다. 해발 1,500~1,800m 사이에서 자생하는 구상나무가 지구 온난화로 아래쪽부터 고사목이 되어 점점 줄어들고 있다는데, 이곳 영실의 구상나무도 바람과 폭설 때문에 고사목이 된 녀석이 점점 더 늘어나고 있다고 해서 안타깝다.

구상나무 숲길을 벗어나니 선작지왓과 윗세오름, 그리고 백록담을 감싼 봉긋한 봉우리가 한눈에 펼쳐진다. 아, 언제 봐도 가슴 떨리게 좋은 백록담 봉우리! 이곳에 처음 섰을 때 그 감동을 아직도 잊을 수가 없다. 그리고 이곳에 설 때마다 느껴지는 이 뜨뜻하고 뭐라 형언할 수 없는 느낌은 이곳에 올라와 이 자리에 서본 사람만이 알 수 있을 것이다. 어쩌면 바로 이 느낌 때문에 이곳 영실 탐방로와 한라산에 중독된 것이 아닐까?

아, 하늘빛이 예술이다. 구름은 또 어찌 저리 예쁜지! 이렇게 완벽한 날씨에 한라산을 찾게 되는 날이면 마구마구 마음이 착해지려고 한다. 그냥 막 좋아서 히죽거리기도 하고, 술 취한 사람마냥 비틀거리며 주변을 두리번거리기도 한다.

비온 후 쾌청한 날씨 덕분에 백록담을 감싸고 있는 동그란 화구벽이 아주 선명히 잘 보인다. 평평한 이 길은 언제 걸어도 좋다. 해발 1,700m에 어떻게 이런 멋진 들판이 펼쳐질 수 있는지 볼 때마다 신기하다. 아쉽게도 현재 자연휴식년제가 적용되고 있어서 백록담 정상까지는 오를 수 없지만, 이렇게 지척에서 봉우리를 바라보는 것 자체가 좋다.

드디어 도착한 윗세오름 대피소 광장, 한라산 백록담의 향기가 머무는 곳, 이 광장에서의 쉼은 언제라도 좋다. 혼자여도 좋고, 둘이어도 좋고, 여럿이어도 좋고. 이렇게 맑은 날에도 좋고, 비가 내려도 좋고, 바람 불어도 좋고, 눈이 쌓여 있어도 좋다.

오늘의 점심은 역시 컵라면이다. 컵라면이 먹고 싶어서 여기까지 일부러 올라온 적도 있을 만큼 이곳의 컵라면 맛은 일품이다. 언

제 봐도 가슴 떨리게 아름다운 백록담의 화구벽을 감상하면서 컵라면을 뚝딱 해치우고, 달달한 초코파이까지 먹어주니 세상 부러울 게 없다. 아흣, 이 느긋함이 좋다.

그런데 왜 이곳을 윗세오름이라고 하는지 알아?

윗세오름은 1,100m 고지에서 위쪽으로 있는 세 개의 오름이라고 해서 '윗'자가 붙었다. 뭉쳐 부르면 윗세오름이지만 세 오름 모두 각각의 이름이 있는데, 위로부터 붉은오름, 누운오름, 새끼오름이다. 이들을 삼형제에 빗대어 큰오름1,740m, 샛오름1,711m, 족은오름1,698m이라고도 부른다.

백록담 봉우리야, 안녕! 다음에 또 올게. 안녕 안녕!

아쉬워서 몇 번을 눈맞춤하며 작별인사를 건넨다.

다시 발 아래로 펼쳐지는 초록 풍경. 초록빛이 예술인 초여름의 영실 탐방로는 '좋다'는 말을 연발하게 만드는, 그야말로 축복 같은 시간을 한가득 선물해준다.

아, 이거이거 진짜진짜…. 말까지 더듬거리게 된다. 아, 진짜 나는 전생에 나라를 몇 번 구한 거야? 이거이거 이렇게 행복해도 되는 거야?

오늘이 제주로 이사 온 지 100일째 되는 날, 굳이 특별한 제주 여행을 계획하지 않더라도 그냥 아침에 일어나 마음이 동하면, 배낭 하나 둘러메고 제주섬의 어디든 달려갈 수 있음이 좋다. 체력만 허락된다면 매일매일 한라산을 오를 수도 있고, 몇 날 며칠 하루 종일 지치도록 올레길을 걸을 수도 있고, 수많은 오름을 찾아 트레킹을 떠날 수도 있고, 아름다운 해변에 앉아 멍 때리고 하루 종일 앉아 있을 수도 있다.

제주섬에서 1년간 살아보고 싶었던 가장 큰 이유가 바로 이런 생활을 하기 위해서였는데, 아직까지는 대단히 만족스럽다. 물론 이제 겨우 100일째라 장담하긴 이르지만 지금 이 순간 행복하니 그걸로 충분하다.

D+103

다랑쉬의 보물들

6월로 접어드니 제주의 날씨는 하루 종일 흐렸다 맑았다, 비왔다 갰다를 반복하며 변덕스러운 날이 많아진다. 역시나 오늘 아침도 빗줄기가 한 차례 지나가고 또 금방이라도 다시 퍼부을 듯 하늘이 무겁다. 이렇게 흐린 날에는 가시거리가 짧기 때문에 어딘가에 올라 전망을 바라지 않는 게 상책이라 오름보다는 숲이나 올레 트레킹을 선호하는데, 오늘따라 오름이 막 가고 싶어진다. 이럴 땐 날씨고 뭐고 아무 것도 따지지 말고 그냥 마음이 시키는 대로 무작정 달려줘야 한다.

어디로 갈까? 말해 뭐해. 당근 다랑쉬오름이지.

1136번 도로를 달리다가 손자봉 교차로에서 좌회전하면 좌측에는 다랑쉬, 우측에는 아끈다랑쉬를 양옆으로 둔 1차선의 좁은 다랑쉬로를 만나게 된다. 반대편에서 진입하는 차가 있으면 어쩌나 조마조마 하면서 꼬불꼬불 다랑쉬로를 달리다보니 왼편에 덩그라니 서 있는 팽나무 한 그루가 눈에 들어온다. 이곳을 지날 때마다 그냥 지나칠 수 없는 곳이라 잠시 차를 멈추고 주변을 둘러본다.

이곳은 4 · 3사건 때 전소되어 터만 남은 다랑쉬 마을인데, 여기서 300m쯤 떨어진 다랑쉬굴에서 아이와 여성이 포함된 11구의 시신이 발굴되었다는 이야기를 들은 후로는 늘 마음이 좋지 않다. 잠시 덧없이 떠난 영혼들께 명복을 빌어드린다. 제주의 어느 한 구석 아름답지 않은 곳이 없지만, 어딜 가나 4 · 3의 기억에서 자유로울 수 있는 곳 또한 많지 않은 것 같다. 오늘도 그 아픔을 간직한 채 담담히 앉아있는 다랑쉬오름, 그래서 더 아름다워 보인다.

주차장에 차를 세우고, 다랑쉬오름 계단으로 들어선다. 한 걸음, 한 걸음, 하늘을 모두 가려버린 울창한 삼나무숲 계단을 지나니 뻥 뚫린 비탈진 탐방로가 이어진다. 자주 올라 익숙한 곳이지만 여기서 보는 아끈다랑쉬오름은 볼 때마다 새로워 감탄사를 자아내게 한다. 어쩜 저렇게도 고울까. 아끈다랑쉬에는 딱 이 계절에만 볼 수 있는, 인간이 결코 흉내낼 수 없는 오묘한 빛깔의 초록 보물로 가득하다.

정상으로 오르는 길은 점점 경사가 가팔라지고 호흡은 거칠어진다. 모처럼 오름을 찾아 신이 난 경미는 다람쥐마냥 쪼르르르 잘도 올라간다. 녀석, 바람 불면 훅 날아가버릴 것 같은 체구인데도 언제나 저렇게 씩씩하다. 일할 때도, 쉼을 즐길 때도 늘 열정적인 녀석, 나랑 여행 스타일이 비슷해서 저 녀석과 함께하면 두 배로 즐겁다.

길섶의 초록밭에서 쏘옥쏘옥 얼굴을 내미는 보라빛 엉겅퀴꽃이 사랑스럽다. 안녕, 안녕? 정상이 가까워질수록 주변에 숨겨진 보물이 쏙쏙 드러난다. 오늘따라 유난히 성산일출봉과 우도, 지미봉, 말미오름이 선명하게 보인다.

헉헉 헉헉, 마지막 경사면은 내 심장박동 수를 최대치로 올려놓는다. 아구아구 숨차라. 오름 능선에 오르니 발 아래로 거대한 분화구가 펼쳐진다. 분화구 안으로는 왼쪽과 오른쪽이 편을 가른 듯 한쪽은 빽빽하게 나무가 들어서있고, 다른 한쪽은 편안한 초원으로 이루어져 있다. 부드러운 능선을 따라 시계 반대방향으로 올라가본다.

아, 시원하다. 이곳으로 오를 때면 늘 기대 이상의 상큼한 바람을 만나게 된다. 언제 만나도 기분 좋고 행복해지는 달콤한 제주의 바람, 시원한 바람을 맞으며 발 아래로 펼쳐지는 풍경을 조망해본다. 지난봄에 왔을 때는 유채꽃과 갯무꽃으로 가득했던 들판이 지금은 텅 비어 있는 듯하다. 그런데 농약냄새가 바람에 실려 올라오는 걸 보면 분명 저 검은 밭 땅속에서는 꿈틀꿈틀 새싹이 자라고 있을 게다. 꾸불꾸불 마치 천 조각을 이어 붙여 바닥에 깔아놓은 것처럼 정겹고 따뜻해 보인다.

정상을 지나 능선을 따라 내려가니 한라산과 수많은 오름이 파노라마처럼 펼쳐져 있는 것이 한 폭의 그림처럼 아름답다. 날씨가 흐려서 기대도 하지 않고 올라왔는데, 이렇게도 귀한 보물을 아낌없이 내어주다니. 너무나도 가슴이 벅차서 걸음도 얼어붙은 채 배시시 미소만 흘러나온다. 아, 감사하고 또 감사하다.

다시 이어지는 보드라운 능선, 드디어 다랑쉬오름의 분화구가 거침없이 보이는 지점에 이른다. 한라산 백록담만큼이나 분화구가 깊다는데, 과연 아찔할 정도의 깊이다. 분화구의 바닥은 다랑쉬마을 주민이 농사를 지었던 밭으로 주변에는 돌담이 잘 보존되어 있다. 이곳의 농사는 주로 물 빠짐이 좋은 콩, 수수, 피 등을 재배

했다고 한다. 자세히 들여다보니 가장자리에 밭담이 둘러져 있는데, 어떻게 저 깊은 곳까지 내려가서 농사를 지었을지 보면 볼수록 신기하다. 오죽 농사지을 땅이 없었으면 이곳까지 내려와 농사를 지었을까 생각하면 가슴이 먹먹해진다.

다랑쉬오름 분화구

금방이라도 빗방울이 떨어질 것 같아 조금씩 걸음을 재촉하는데 후두둑후두둑, 기어이 쏟아지는구나.

점점 굵어지는 빗방울에 내리막길도 성큼성큼 뛰듯이 재빨리 내려간다. 그런데 오름 계단길을 모두 내려와 주차장에 닿으니 다시 햇살이 쨍하다. 이그, 변덕쟁이 하늘 같으니라고. 내가 두 손 두 발 다 들었노라.

그래도 고맙네. 내게 점점 더 관대함과 감사함을 갖게 해주는 제주도 날씨, 덕분에 다랑쉬오름에서 수많은 보물을 만나 참 뿌듯하였노라.

D+108

평균습도 85도

연일 찜통더위가 이어진다는 육지 뉴스가 먼 낯선 나라 이야기로 들리는 요즘, 어제에 이어 오늘도 아침부터 안개가 자욱하고 간간이 이슬비를 흩뿌리는 어두컴컴하면서도 축축한 하루가 이어지고 있다. 한라산은 아예 자취를 감춰버린 지 오래고, 햇살 고픈 날이 계속 되니 마음까지 눅눅해지고 있다.

벌써 100일 하고도 8일째를 맞이하는 제주의 오늘이지만, 날씨만큼은 참 적응하기 어렵다. 2월 말에 이곳에 와서 3월까지는 그런대로 날씨가 쾌청하고 맑은 날이 많았는데, 4월부터 뿌연 날씨가 지속되더니 5월에는 맑은 날보다 흐린 날이 더 많았다. 특히 5월 말부터 지금까지 계속 비와 안개가 등장하고, 잠깐씩 해가 비쳤다가 사라지고 있어서 최근에는 빨래를 뽀송뽀송하게 건조시키는 것이 거의 불가능해져서 아예 세탁을 포기해버렸다.

거의 날마다 제습기를 가동시키는데도 실내 평균습도 85도, 하루 종일 작동시켜도 75도 이하로 떨어지질 않는다. 마룻바닥은 어찌나 끈적끈적한지 가스비가 무서워 추운 봄날에도 틀지 않던 난방을 이 여름에 가동시켜 습도 조절을 하고 있다. 그래도 금방 바닥에 물을 부어놓은 듯 축축해지니 거대한 선풍기라도 장만해 바닥을 건조시켜줘야 하나 고민이다.

그나마 집이 바다 쪽이 아닌 산 쪽에 가까워 다행이라는 생각이 든다. 우리 집은 남향이라 남쪽은 한라산을, 북쪽은 바다를 보고 있는데, 살아보니 양쪽에서 부는 바람의 느낌이 어쩜 이리도 다른지 요즘 실감하는 중이다. 특히 이렇게 습도가 높은 날에는 한라산 쪽에서 부는 바람은 그나마 견딜 만한데, 바다 쪽에서 부는 바람은 얼마나 끈적이고 후텁지근한지 요즘 같은 날씨에는 아예 바다 쪽 창문은 닫아놓고 지낸다. 그렇다고 마냥 닫아놓을 수만은 없다. 앞뒤 창문을 열어 자주 환기시켜주지 않으면 금방 곰팡이가 진을 치니 요령껏 환기시켜주는 것 또한 필요하다.

그나저나 날씨 좋은 날에도 해질 무렵만 되면 바다에서 뜨뜻하고 습한 기운이 스멀스멀 올라오던데 앞으로 점점 더 더워지면 얼마나 끈적일지 걱정이다. 처음에 집 고를 때 바다에서 좀 더 멀리 떨어진 집을 고른 건 참 잘한 일인 것 같다.

빨래바구니 안에는 빨랫감이 가득한데 언제쯤 빨래를 해서 널어볼 수 있으려나. 뽀송뽀송 햇살 내음이 무진장 그리운 요즘, 제주의 여름이 조금씩 두려워지고 있다.

D+114

Are you okay?

제주의 오름에 오르면 어디서든 쉽게 한라산을 만날 수 있지만, 유독 한라산의 산체가 가려지지 않고 거침없이 잘 보이는 오름이 있다. 게다가 제주시내에 위치해서 접근하기도 용이하고, 낮고 아담하여 언제든 쉽게 오르내릴 수도 있다. 또한 제주공항 활주로에 이착륙할 때마다 제일 가까이에서 환영해주고 배웅해주는 오름이 있는데, 바로 바로 도두봉이다.
요즘 희뿌연 날이 많아서 한라산을 시원하게 못 본 지 오래되어 답답했는데, 도두봉에서 본 한라산의 자태가 오늘따라 유난히 선명하게 드러나 웅장하게 느껴진다. 공항 활주로에는 이륙을 기다리는 항공기가 줄지어 서있고, 요란한 소리를 뿜어내며 서쪽하늘에서 날아온 항공기 한 대가 급하게 착륙한다.
또 누구의 설렘을 가득 싣고 착륙했을까? 활주로 위에는 쉼 없이 항공기의 이착륙이 이어지고 있다. 누군가는 달콤한 제주 머묾의 꿈을 꾸며 착륙하는 곳, 누군가는 아쉬움을 뒤로 하고 일상을 향해, 또는 어딘가로 떠나기 위해 이륙하는 곳, 떠남과 머묾이 반복되며 여행의 시작과 마무리가 동시에 이루어지는 곳, 바로 그 활주로를 바라보며 서있는 나는 어딘가로 떠나고 싶은 욕망을 달래고 있는 중이다.
섬이라 그런가? 가끔씩은 무진장 답답할 때가 있다. 특히 아우토반을 달리고 싶은 충동이 일어날 때는 더더욱. 그런 날에는 이곳

도두봉에 올라 엄청난 속도로 이착륙하는 항공기의 엔진소리를 듣고 있노라면 막힌 속이 뻥 뚫리고 시원해진다. 게다가 이렇게 가까이 한라산을 하염없이 바라보고 있으면 소진된 에너지가 퐁퐁 샘솟으니 자연스레 참새 방앗간처럼 자주 찾는다.
6월도 중순으로 접어드니 해가 길어져 노을 감상하기에도 좋은

계절이 왔다. 서쪽 하늘이 서서히 황금빛으로 물들어간다. 낯선 여행자의 실루엣에서 익숙한 공감의 향기가 느껴지고, 하염없이 서쪽 하늘을 바라보며 그냥 말이 필요 없는 시간이 흘러간다. 뜨거웠던 태양이 어두운 바닷속으로 잠기고, 어둠이 짙어지니 노을에 물들었던 여행자도 하나둘 떠나고, 멀리 수평선 부근 고기잡이 배들의 불빛이 선명해진다.

오랜 직장생활로 항상 빨리빨리 해야 하고, 뭐든 계획하면 반드시 실행하고, 스케줄을 짜놓고 그대로 움직여야 하고, 오늘 일을 내일로 미루면 불안하고 초조해하고, 뜻한 대로 되지 않으면 감정을 컨트롤하기 힘들고, 잠시도 아무 것도 하지 않으면서 가만있으면 이상하고 그랬는데, 그렇게 빈틈없이 계획대로 진행되어야 편했던 내 시간에 많은 변화가 생긴 것 같다.

지금은 그냥 아무것도 하지 않고 시간 죽이는 일에도 익숙해지고, 계획 없이 실행하는 일도 생기고, 오늘 일을 내일로 미루는 것에도 관대해지고 있다. 오히려 이러다가 너무 느긋해지면 어쩌나 걱정이 될 정도로 제주에서의 삶이 나를 변화시키는 중이다.

나쁘지 않으면 좋은 거고, 좋으면 그걸로 된 거다.

Are you okay?

Yes, I'm Okay!

D+120

오늘은 장보러 가는 날

오늘이 며칠이더라? 22일이네?
연중 5일 간격으로 총 10군데서 운영되는 제주 오일장. 지역마다 열리는 날이 달라서 장소만 바꿔 찾아가면 1년 365일 내내 오일장을 만날 수 있지만, 나는 집에서 제일 가까운 제주시 민속오일장을 주로 찾는다. 제주시 민속오일장은 2, 7일로 끝나는 날에 열리므로 바로 오늘 22일이 장보러 가는 날이다.
'여러분, 초자줭 고맙수다' 입구에 쓰인 정겨운 제주말처럼 이곳은 언제 와도 정겹고 구수하다. 야채, 잡화, 곡물, 화훼, 어물, 신발, 청과, 식료품, 침구, 포목, 양품, 메리야스, 철물 등 없는 것이 없을 정도로 품목도 다양하고 규모도 커서 올 때마다 길을 헤매기도 한다. 뭐, 오늘도 어딘가에서 헤매게 되겠지만 그래도 전혀 문제될 게 없다. 헤맴 중에 새로운 곳을 발견할 수도 있고, 또 자연스레 제 길을 찾을 수도 있으니 장 구경에 집중하며 마음껏 즐기면 된다.
오늘은 어디부터 들러볼까? 뻥이요! 으악, 깜짝이야! 신기한 번호표가 붙은 그릇을 구경하느라 뻥튀기 가게의 경고를 듣지 못한 것이다. 휴우, 귀가 멍하네. 누룽지, 쌀, 보리, 콩, 가래떡을 담은 그릇이 뻥튀기 차례를 기다리고 있다. 장보러 간 주인을 대신해서 스스로 번호표를 들고 줄을 선 그릇의 모습이란. 하하.
그릇 속의 곡물이 요란한 뻥튀기 기계에 들어가면 어떤 모습으로 변신할까? 모양은 제각각이겠지만 구수하고 따뜻한 맛은 비슷하겠지? 그 맛을 느껴보고 싶어서 1,000원짜리 뻥튀기를 하나 사들고, 야금야금 깨물어 먹으며 오늘의 장보기를 시작해본다.

과일부터 볼까? 원산지가 '육지산'이라고 쓰인 수박이 한 통에 1만 2,000원. 가격이 비싸서 놀랐지만 '육지산'이라고 쓰인 푯말에 내가 섬에 있다는 게 실감나 피씩 웃는다. 역시 바다 건너오니까 비싸군. 시원한 수박이 먹고 싶긴 하지만, 이 큰 걸 혼자 다 해결할 수가 없을 테니 그냥 패스.

그럼 참외를 살까? 8개 만 원, 13개 만 원, 20개 만 원? 참외 역시 육지산에, 양도 많고 가격도 비싸서 패스. 그럼 망고? 오호, 제주산 망고구나. 알이 작고 동글동글한 게 수입산과는 확실히 달라 보인다.

셋도미 1kg 5,000원? 한라봉도, 레드향도, 천혜향도 아니고, 오렌지도 아닌 것이 모양은 비슷하고 이름은 특이하다. 먹어볼 수 있어요? 그럼요. 인심 좋은 쥔장님이 바로 까서 시식용을 내민다. 역시 이게 오일장의 매력이지.

셋도미 아래 상자에는 한입에 쏙 들어갈 만큼 작은 귤도 한가득 들어있다. 한라봉은 한 바구니에 만 원이네. 제주의 과일은 제철 아니면 육지에서는 선뜻 사먹기가 쉽지 않은데, 여기서는 1년 내내 흔하게 보는 거라 언제든 사먹을 수 있어 좋다.

다른 과일 가게에는 댕유자, 키위, 토마토, 바나나, 레몬 등 원산지를 알 수 없는 과일이 바구니에 수북하게 쌓여 있는데, 원산지 표기가 되어 있지 않은 것은 선뜻 믿음이 가질 않는다.

SPRING
제주도의 봄

SUMMER
제주도의 여름

AUTUMN
제주도의 가을

WINTER
제주도의 겨울

드디어 오늘의 타깃, 토마토. 오일장에 오면 꼭 사가는 것이 토마토다. 특히 제주 모슬포에서 나는 토마토는 어찌나 찰지고 달큰한지 이 맛에 한번 빠지고부터는 다른 토마토를 먹을 수가 없다. 매일 꾸준히 먹기 때문에 2kg, 6,000원에 넉넉하게 구입한다.

산더미처럼 쌓아놓은 오이도 까슬까슬 싱싱해 보여서 두 개 1,000원 주고 사고, 한 바구니에 3,000원 하는 제주 구좌 당근도 한 바구니 산다. 원래 당근은 날 것으로 먹지 못했는데, 최근에 눈 건강을 생각해서 챙겨먹고 있다. 특히 제주 구좌읍 당근은 어찌나 아삭아삭하고 달콤한 맛이 나는지 여기에 오면 꼭 사가곤 한다.

제주 부추가 한 단에 2,000원, 두 단에 3,000원이네? 이것도 엄청 좋아하는 건데, 지난번 장날에 한 단 사서 양이 너무 많아 아직도 다 먹질 못했다. 혼자 살다보니까 뭐든 양이 문제가 된다. 특히 지금처럼 무더운 여름에는 적은 양만 사서 그때그때 싱싱하게 먹는 게 좋다.

제주산 양파가 한 바구니에 3,000원이네? 양파를 얇게 썰어서 올리브오일에 토마토랑 살짝 볶은 다음 발사믹 드레싱을 뿌려 먹으면 완전 맛있는데, 입맛 다시며 양파도 한 바구니 산다. 아무래도 제철에 나온 과일이나 채소가 영양가가 높을 거니깐 부지런히 사다 먹어야겠다.

와아, 벌써 햇감자가 나왔구나. 몇 주 전에 감자밭에 꽃핀 걸 봤는데, 언제 이렇게 수확을 했지? 삶아 먹으면 포실포실 맛있겠다. 햇고사리도 보이네? 꼬들꼬들 아주 잘 말려서 빛깔이 참 곱다. 곰치, 머구, 자연산 돌미나리, 콩잎, 비듬나물, 대파까지 구경하는 재미가 쏠쏠하다.

오랜만에 수산물도 들러봐야겠다. 여름이 되니까 수산물도 활기가 넘쳐 보인다. 우와, 한치가 벌써 나왔구나. 갑자기 한치물회가 먹고 싶다. 은빛으로 반짝반짝 윤이 나는 은갈치, 그야말로 파리가 앉으면 바로 낙상하겠네. 흐흐. 자리돔, 옥돔, 고등어, 이름을 알 수 없는 수많은 생선으로 수북하다.

생선가게를 지나 의류시장으로 걸음을 옮겨본다. 여름이 되니까 옷 색깔도 엄청 화려해진 것 같다. 만원샵, 두 장에 만 원. 역시 시골 장터다보니 옷도 저렴해서 좋다. 나도 지난번에 5,000냥짜리 바지를 사 입었는데 엄청 편해서 집에서 잘 입고 있다.

테니스 라켓처럼 생긴 전기 모기채도 인기다. 좀 잔인한 방법이긴 하지만, 모기에 시달리는 것보다 백배 나을 듯싶다. 제주는 육지보다 모기가 훨씬 더 억세서 한 번 물리면 가려움이 좀처럼 해소되질 않는다. 또 앵앵거림은 어찌나 시끄러운지, 벌써부터 모기랑

전쟁 중이다. 아파트인데도 어디서 그리 모기가 많이 들어오는지 모기장 없이는 잠을 잘 수 없을 정도다.

시장을 한 바퀴 돌고 났더니 엄청 배가 고프다. 손으로 볶은 우도 땅콩? 고소하겠다. 옛날과자가게에 수북하게 쌓인 과자도 맛있겠네. 떡볶이랑 튀김, 도넛, 빙떡, 쑥찐빵, 찰옥수수, 눈에 보이는 모든 것이 먹음직스러워 보인다. 뭘 먹지? 좋아, 오늘의 점심은 1,000원에 두 개 하는 쑥찐빵으로 결정했다. 1,000원을 내밀고 받아든 따끈따끈한 찐빵, 한입 베어 무니 꿀이 들어 있어서 완전 달콤하고 맛나다.

집에 돌아와 오늘 시장에서 사온 것을 펼쳐놓으니 노랑색, 보라색, 검정색 비닐봉지에 싱싱한 야채가 가득하다. 튼실한 구좌 당근 3,000원, 제주 햇양파 3,000원, 모슬포 토마토 6,000원, 오이 1,000원, 쑥찐빵 1,000원, 뻥튀기 1,000원. 오늘의 장보기는 1만 5,000냥에서 모두 해결했네. 이 정도 양이면 열흘쯤은 충분히 먹을 수 있겠지?

제주의 햇살과 제주의 바람을 마음껏 먹고 자란 요녀석들, 보기만 해도 배가 부르다. 육지에서 만들어 바다 건너온 공산품은 비싸지만, 이곳 제주의 들판이나 바다에서 자란 야채나 과일, 생선은 싱싱하고 가격이 저렴해서 좋다.

언제나 구경하는 재미도 쏠쏠하고, 싱싱한 먹을거리를 알뜰하게 사올 수 있어 좋은 제주 오일장. 오랜만에 사람 구경도 실컷 하고, 정감 있는 말도 주고받고 오니 저절로 힐링된 것 같다. 아마도 제주에 머무는 동안 내내 오일장보기는 계속될 듯싶다.

제주 오일장

사람 사는 냄새가 그립고, 싱싱한 농수산물이 필요할 때면 가까운 오일장으로

사람 많은 곳은 질색이라 제주에 머물다보면 유명 관광지 근처에는 얼씬도 하지 않게 된다. 사람 많지 않은 조용한 곳을 선호하게 되는데, 가끔씩은 사람 사는 냄새가 그리워질 때가 있다. 그리고 제주 들판에서 나는 싱싱한 야채랑 바다에서 건져온 해산물이 먹고 싶어질 때면 집에서 제일 가까운 오일장을 찾는다. 가끔씩은 여행길에 들러도 좋은 오일장이다.

오일장	위치	장 열리는 날
성산오일장	서귀포시 성산읍 성산리	1 · 6일
대정오일장	서귀포시 대정읍 하모리	1 · 6일
함덕오일장	제주시 조천읍 함덕리	1 · 6일
제주민속오일장	제주시 도두1동	2 · 7일
표선오일장	서귀포시 표선면 표선리	2 · 7일
중문오일장	서귀포시 중문동	3 · 8일
한림민속오일장	제주시 한림읍 대림리	4 · 9일
서귀포향토오일장	서귀포시 동홍동	4 · 9일
고성오일장	서귀포시 성산읍 고성리	4 · 9일
세화오일장	제주시 구좌읍 세화리	5 · 10일

D+133

고요한 밤마실

휘이잉 휘이잉.

달그락 달그락.

끼이익 끼이익.

또야?

처음 이사 왔을 때는 한밤중에 소리의 근원지를 밝히려고 잠을 설치곤 했는데, 몇 개월 지내다보니 이따금씩 자다 깨긴 하지만 체념하고 예삿일로 받아들이게 된다. 그래도 이렇게 바람 심한 날에는 불안하고 무서운 마음이 들어 집안에 꼼짝없이 갇혀 지낸다.

쿵쾅쿵쾅, 흔들흔들. 베란다 유리창이 금방이라도 떨어져나갈 것만 같아서 굳게 걸어 잠그고 동태를 살핀다. 창밖으로 보이는 벚나무들이 금방이라도 송두리째 뽑혀 날아갈 것만 같다. 벌써 태풍이 오려나? 불안한 마음에 제주 태풍 검색을 해보니, 강풍이 있을 거라는 예보만 있다. 그래, 금방 지나가겠지.

바람이 그렇게 좋다면서 이런 바람은 왜 겁나는지 몰라. 이렇게 무시무시하게 화난 얼굴을 한 바람은 제주바람 예찬론자인 나도 어쩔 수 없는 것 같다.

다행히 해질 무렵이 되니 언제 그랬냐는 듯 바람이 잠잠해지고 창밖에는 평화가 찾아온다. 그리고 잠잠한 바람과 함께 온도도 급상승해 후텁지근해진다. 하루 종일 꼼짝 않고 집안에만 있었더니 답답해서 저녁을 챙겨 먹고 밤마실을 나선다.

낮에는 잘 모르겠는데, 확실히 밤이 찾아오면 이곳이 도시가 아닌 시골이라는 사실을 실감하게 된다. 화려한 불빛이 반짝거리는 아파트 상가를 벗어나 길 건너 벌랑길로 접어드니 가로등도 희미하고 마치 내 고향 어느 밤길에 서 있는 것처럼 한적하다.

밤하늘의 달빛과 앞바다에서 훤히 불 밝히고 조업 중인 고기잡이 어선의 불빛만이 내 밤마실 길에 동무가 되어준다. 이제 밤 9시밖에 되지 않았지만 벌랑 포구에는 하얀 파도 소리만 들려올 뿐 고요하다. 동북쪽을 향해 길게 뻗은 방파제를 따라 시나브로 걸어본다. 한바탕 강풍이 지나간 후라 그런가? 밤바다를 따라 걷다보니 바람이 제법 차다. 손수건을 꺼내 발토시를 만들어 감싸준다.

이렇게 홀로 밤바다를 거닐다보면, 가끔씩은 친구들이랑 수다 떠는 야식 타임이 그립다. 가끔씩은 화려한 네온사인 아래 늦은 밤까지 쇼핑을 하며 돌아다닐 수 있는 도시가 그립다. 가끔씩은 시간에 구애받지 않고 어디든 달려 찾아갈 수 있는 육지가 그립다. 가끔씩은 아무 것도 할 수 없는 제주의 밤이 미치도록 외롭다. 그래도 그 가끔씩을 외면해버려도 좋을 만큼 이곳 제주섬은 매력적이다. 모든 걸 다 가질 순 없는 거니까, 이걸로 충분하다.

D+137

바람에 취해 비틀거려도 좋아

늦은 오후지만 한여름 태양의 기운이 어찌나 강렬한지, 바다도 숲도 아닌, 그늘 한 점 없는 오름을 오른다는 일이 좀 무모한 게 아닌가 싶을 정도다. 그렇다고 여름이 지나 가을이 될 때까지 오름 트레킹을 포기할 수는 없는 일이다. 언제든 가고 싶을 때는 가봐야 하지 않겠어? 이렇게 뜨거운 날에는 오르는 데 힘들지 않고, 정상에 서면 시원한 바람이 마구마구 불어주는 앞오름이 좋다.
한눈에 봐도 아담하고 만만해 보이는 앞오름, 안녕, 안녕?
무성한 풀들, 여름은 여름이다. 탐방로 매트를 뚫고 여기저기서 풀이 쑥쑥 고개를 내밀고 있지만, 오늘도 풀을 무진장 좋아하는 앞오름의 누렁이들이 한바탕 포식을 즐기고 갔는지 잘 정돈된 탐방로에는 누렁이들의 응가만 남아 있다. 덕분에 뱀 걱정하지 않으면서 오를 수 있으니 좋다. 누렁이 녀석들은 다 어디로 갔을까? 더워서 그늘로 쉬러 들어갔는지 조용하다.
딱 5분이면 오를 수 있는 앞오름. 정상에 설 때마다 터져 나오는 감탄사 '우와!' 시원하게 불어오는 바람에 감탄하고, 발아래 움푹 팬 굼부리에 감탄하고, 파노라마처럼 펼쳐진 주변의 수많은 오름 풍경에 감탄한다.
앞오름은 산 모양이 움푹 패어 있어 마치 가정에서 어른이 믿음직스럽게 앉아있는 모습과 같다 하여 '아부亞父오름'이라 불렀고, 송당마을과 당오름 남쪽에 있어서 '앞오름'이라고 부른다. 함지박처럼 둥그렇게 패어 있는 굼부리 안쪽으로는 삼나무가 멋지게 울타리를 치고 앉아있다. 전망이 탁 트인 주변 경치를 감상하며 보드라운 풀밭 능선을 걷다보면 한낮의 더위 따위는 까맣게 잊어버린다.

우와, 볼 때마다 함성을 지르게 하는 한라산. 한라산도 머리가 뜨거운지 구름모자로 잔뜩 휘감고 앉아있다. 7월로 접어드니 제주의 하늘은 마치 청명한 가을 하늘처럼 예뻐진다. 예년에 비해 비가 너무 오지 않아서 걱정인 것만 빼면, 날마다 그림 같은 하늘을 볼 수 있어 좋다.

바람은 어쩜 이리도 시원하고 향긋한지! 아스팔트 도로에서는 전혀 느껴지지 않던 바람인데, 능선을 따라 걷다보니 금방이라도 나를 굼부리 속으로 날려버릴 것처럼 강력하다. 바람에 연신 머리카락이 휘날리고, 모자가 날아갈까 꾹꾹 눌러쓰길 몇 차례. 바람에 취해 흔들흔들 비틀비틀. 그래도 좋아좋아 히죽히죽. 올라오길 참 잘했지? 바람까지도 훔쳐 담을 기세로 열심히 카메라 셔터를 눌러보고, 이거이거 너무 많이 훔쳐 담아 무겁겠는걸. 흐흐.

햇살은 뜨거워도 강력한 바람이 있어 좋은 제주의 여름이다.

D+140

느긋한 여름 노을

제주도에서 아름다운 노을을 보려면 어디로 가야 하는 걸까?
예전에 짧게 제주 여행을 할 때는 해질 무렵이 되면 좀 더 멋진 노을을 만나기 위해 최고의 노을맞이 장소를 찾아 헤매곤 했는데, 제주에 오랫동안 머물며 지켜보니 산이건 들판이건 바다건 집이건 그날의 날씨만 좋다면 어디서든 멋진 노을을 볼 수 있다는 걸 알게 된다. 그래서 요즘에는 어디서든 편하게 노을을 맞이하고, 여유롭게 즐기고 있다.
송당 지역 오름 트레킹을 마치고, 평대에서 조천으로 이어진 해안도로를 따라 서쪽을 향해 달리다보니 하늘이 심상치가 않다. 오늘따라 구름도 드라마틱하고, 왠지 노을도 예사롭지가 않을 듯하여 함덕서우봉 해변에 멈춰 선다. 해변은 피서객 인파로 시끌벅적해서 숨이 턱턱 막혀오지만, 서우봉으로 올라서니 다행히 한산하다.
함덕 해변 바로 옆에는 함덕의 풍경을 한눈에 내려다볼 수 있는 '서우봉'이 있다. 시끄러운 해변에 비해서 이곳 오름은 아직까지는 한적하게 산책도 하고, 느긋하게 노을을 만끽할 수 있는 곳이라 좋다.
우와, UFO 구름이다!
어디, 어디? 우와, 어떻게 저런 구름이 만들어질 수 있지? 너무나도 신기해 한참 동안 멍하니 쳐다본다. 이거이거 이렇게 있다가 저 구름 속으로 빨려 들어가는 거 아닐까?

엉뚱한 상상도 해보면서 신기한 구름 모양에 반해 자꾸 멈춰지는 걸음을 재촉하며 서우봉 전망대로 발걸음을 옮겨본다.

우와, 저건 한라산!

UFO 구름에 가려 보이지 않던 한라산이 웅장한 모습을 드러낸다. 한라산 능선을 모조리 에워싼 몽실몽실 구름떼가 어마어마하다. 이야, 정말 멋지다! 구름을 이고 앉은 한라산부터 그 아래 펼쳐진 수많은 오름과 함덕의 평화로운 풍경, 서우봉 해변을 따라 멀리 조천까지 이어진 아스라한 해안선까지 눈앞에 보이는 모든 것이 그야말로 예술이다. 제주를 대표하는 모든 것이 이 프레임 안에 다 들어있다니!

내 생전 이렇게 황홀한 경치는 처음 구경하는 것 같아. 도저히 시선을 뗄 수 없게 만드는 그림 같은 풍경에 잠시 노을 구경은 뒷전이 되어버렸다. 정말이지 이런 경치는 몇 년에 한 번 볼까 말까인데 억수로 운수 좋은 날이다.

어느새 태양은 바다 너머 자취를 감춰버렸지만 오늘따라 하늘빛은 더욱 선명하다. 오렌지빛 하늘에 서서히 핑크빛이 물들며 오묘한 빛깔을 연출해내고 있다. 거기다가 점점 모양을 바꾸며 탄성을 자아내게 하는 멋진 구름까지 합세하니 늦은 저녁까지 내 호들갑은 멈출 줄 모른다.

아, 좋다. 지금이 딱 좋다. 여름이 되니 늦은 저녁까지 이런 느긋함이 좋구나.

배가 고파 쓰러질 정도가 아니었음 아마도 황홀한 저녁노을에 반해 캄캄한 밤까지 호들갑을 떨며 서있었을 것이다.

D+145

무제 02

하늘도 예뻐~ 구름도 예뻐~ 그림 같은 풍경들
매일매일 햇볕은 쨍쨍 모래알은 반짝
하지만 심하게 뜨겁고도 뜨겁다.

요런 날엔 뭐니 뭐니 해도 시원한 바닷물에 발 담그고
노는 게 젤이지. 아~ 시원하다.
살랑살랑 발등을 간지럽히는 해초도 잡아 올리고
첨벙첨벙 첨벙첨벙 신나는 물속 행진도 즐겨보고
까슬까슬 모래알갱이의 감촉을 느끼면서
찰랑찰랑 찰랑찰랑 시원하고도 부드러운 바닷물 속을
실컷 걷고 또 걸어본다.

하나둘셋, 김치~ 어여쁜 처자들 사진도 찍어주고
시원한 바닷바람에 취해도 보고
아름다운 저녁노을에도 실컷 물들어본다.

두 눈으로, 온 가슴으로
온몸의 세포를 총동원하여 날 것 그대로 느껴지는 시간~
아~ 참 행복하다!

D + 1 5 1

외유 02_내 고향

3시 30분.

눈도 제대로 떠지지 않는 이른 새벽, 부지런한 내 고향의 바쁜 하루가 시작된다. 자연이 준 가장 위대한 선물 태양, 그 빛을 최대한 이용하기 위해서는 해가 뜨기 전에 바삐 움직여야 한다.

깜깜한 새벽. 검은 바다를 가로질러 아버지는 배 가득 다시마를 캐서 돌아오고, 해가 뜨기 전 부랴부랴 볕이 잘 드는 바닷가에 다시마를 널어놓는다.

2m도 넘는 키 큰 다시마는 하루 종일 시원한 해풍에 마르고 이글거리는 태양빛에 익어간다. 바사삭바사삭, 바사삭바사삭. 눈부신 태양빛에 다시마들이 요란스럽게 반짝거린다. 내 고향 7월은 다시마가 익어가는 계절이다. 한낮의 이글거리는 태양열이 어찌나 강렬했는지, 건드리면 툭툭 부서질 만큼 자알 건조된 다시마.

오후 5시.

다시 분주해진 손길. 태양빛이 사그라지기 전에 황급히 다시마를 거둬들인다. 어느덧 태양은 뉘엿뉘엿 서산 너머로 지고 있고, 은은한 노을과 함께 내 고향의 하루가 저물어간다.

12박 13일의 고향에서의 긴긴 시간을 뒤로 하고, 제주로 돌아가는 날 아침. 꽤나 오래 머물렀는데도 왜 이렇게 마음은 허전하지?

부모님과 함께한 시간이 너무 빠르고 짧게 느껴져 아쉽기만 하다.

올해 76세의 부모님, 뵐 때마다 점점 세월의 흐름이 느껴져 울컥

거림이 일렁인다. 다 큰 딸을 여전히 '아가'라고 부르시며 걱정하시는 우리 엄마, 그림공부를 새로 시작하여 아직 정착 못 하고 있는 딸이 행여나 좌절하고 맘 다칠까봐 용기 북돋아주시고 응원해주시는 우리 아빠. 어떻게 살아야 부모님 걱정을 덜어드리고 기쁨을 드리는 딸이 될 수 있을지 여전히 어려운 미션이지만, 내가 하고픈 일을 하며 행복하게 열심히 사는 모습을 보여드리는 것이 최선이 아닐는지, 좀 더 노력해야겠다.

고향집 마당에서 보는 평화로운 아침 바다. 엄마아빠의 따스한 품속처럼 포근하다. 또 언제 이 아름다운 풍경을 마주하게 될지 모르지만, 오래오래 이곳에서 엄마아빠를 뵐 수 있기를 간절히 기도하고 또 기도한다.

D+158

내가 그린 그림 02

책을 무진장 좋아한다. 오랜 시간 나와 함께해온 책장의 수많은 책. 이 책들을 만났을 때의 그 행복한 기억이 떠오른다.
모래알갱이처럼 흩어져있던 수많은 이야기가 어느 날 내게로 스며들어 행복한 기억과 추억을 만들어낸다. 그들의 기억인지 나의 기억이었는지 모호해질 만큼 그들의 이야기가 익숙하게 스며들 때면 그 수많은 이야기는 나의 기억이 되고, 에너지가 되고, 삶이 된다. 내가 가장 좋아하는 추억의 공간이기도 하고, 쉼의 공간이기도 한 포근한 나의 놀이터, 나의 보물 1호는 책장이다.
제주로 이사 준비를 하면서 그리기 시작한 책장 그림, 성격은 꽤나 직선적인데, 소심쟁이 손은 직선에 잔뜩 겁을 먹고 있으니 반듯반듯한 직선을 수백 번 그리고 지우고, 또 그리고 지우고… 매일 밤 조금씩 조금씩 그렇게 직선을 더해가다 보니 어느새 완성된 책장 스케치.
모처럼 화실 나들이를 한 내 완성된 책장 스케치를 보고 함께 그림 공부를 하는 친구가 자기 일처럼 기뻐한다.
"그려보라고 말은 쉽게 했는데, 썬이 정말 그려낼 줄 몰랐어."
"사실 스케치는 어렵지 않아. 나는 늘 이 다음이 문제인 것 같아."
"스케치를 완성하면 70퍼센트는 완성한 건데 뭐가 걱정이야? 선생님, 그렇죠?"
"음… 거의 모든 분에게는 그 말이 해당되지만, 썬님만은 그렇지 않아요."
우리의 이야기를 듣던 사부님은 한 치의 거짓도 없이 현실 그대로를 말씀해주신다. 맞다. 사부님의 부연설명을 들을 것도 없이 사부님은 나를 정확히 파악하고 있다. 지금의 수채화 수업에서 내가 극복해야 할 가장 큰 과제인 셈이다. 분명 스케치 단계까지는 잘 오는데, 일단 팔레트와 브러시만 들면 스케치한 노력이 점점 마이너스가 되니 스케치를 할 때의 설렘은 온데간데없이 사라지고 절망만이 남게 된다.
보일 것 같으면서도 보이지 않는 희미한 안개 속을 헤매고 또 헤매고, 그러다 지치고…. 그래서 스케치를 끝내고 페인팅이 시작될 때면 늘 조마조마하고 벌써부터 망칠 생각에 마음이 아프다. 매번 이런 지독한 현실이 반복되고 있지만, 아직은 무릎 꿇지 않고 계속 도전 중이다.
그렇게 불안하고 떨리는 손으로 브러시를 잡고 한 칸 한 칸 채색되는 내 책장. 먼저 책장의 어두운 부분 채색을 마치고, 책장 가득 빼곡하게 꽂혀 있는 책을 한 권, 한 권 세밀하게 채색한다. 책등을 채색하는 것도 어렵지만, 책등에 새겨진 제목과 출판사명, 지은이 등의 글씨를 쓰는 건 더 어렵다. 얼마나 손이 떨리는지 글씨는 삐뚤빼뚤, 깨알보다 작은 글씨를 쓰고 있노라면 내 도전정신을 마구마구 자극해서 힘든 줄 모른다.
꽤 오랫동안 유아교육과 관련된 일을 했고, 그림책을 유난히 좋아하는지라 내 책장에는 그림책이 유독 많다. 그림책 한 권 한 권 이름을 쓰면서 이 책과 처음 만났던 인연에 대한 기억을 더듬어본

〈스밈, 그리고 기억이 되다〉, 2013, watercolor on arches

다. 대부분의 책은 독특한 그림에 반해 고른 것이 많은데, 어떤 책은 제목이 유난히 끌려서 골라오기도 했고, 또 어떤 책은 소중한 사람에게 선물로 받아온 것도 있다. 한 권 한 권, 완성될 때마다 책 속에 담긴 그림과 스토리를 떠올리게 되니 이렇게 행복할 수가 없다.

잠자는 시간도 아까울 만큼 자꾸자꾸 만져주고 또 만지며 그린 그림, 총 스무 칸. 처음에는 언제 다 완성하지? 걱정스러웠는데, 언젠가부터 하얀 칸이 점점 없어질 때마다 아깝다는 생각마저 들었으니 이 그림에 단단히 미쳤었다.

그렇게 겨울을 지나 봄이 되어 완성된 그림. 며칠 전 한국수채화협회에서 주관하는 수채화 공모전이 있었는데, 이 그림이 입선의 영광을 안게 되었다. 그다지 잘 그린 그림은 아니지만 어쩌면 행복한 순간순간이 가득 묻어나 보는 사람으로 하여금 뽑아주고 싶은 그림이 된 것은 아닐까 생각해본다. 자세히 들여다보면 여기저기 수정할 곳투성이지만, 행복한 기억이 가득 스며든 그림이라 그걸로 충분히 만족스럽고 감사하다.

이제 가을전시회 그림 작업에 몰두해야 할 시간, 또 어떤 그림을 만나게 될지 두근두근하지만 이 책장 그림처럼 행복 가득한 그림이면 좋겠다.

D+168

사려니숲 중독

가보고 싶은 곳을 언제든 찾아갈 수 있다는 것이 제주 1년 살아보기의 가장 큰 메리트 같다. 특히 사계절의 변화를 또렷하게 느낄 수 있는 사려니숲은 틈날 때마다 찾아가 머물며 숲에서 얻을 수 있는 다채로운 향기와 컬러를 배울 수 있어 더할 나위 없이 만족스럽다.

한여름의 제주섬, 오늘도 태양을 피해 사려니숲으로 피서를 나왔다. 아, 이렇게도 초록빛이 다채로울 수 있을까? 오직 이 계절에만 느낄 수 있는 풍성한 초록의 향연에 쉽게 입이 다물어지질 않는다. 촘촘한 이파리들이 만들어낸 넉넉한 그늘, 붉은 송이길 위에 그려진 짙은 나무 그림자에서도 초록 향기가 찐하게 배어 나온다. 매월 찾아와서 걷고 있는 길이지만 너무나도 초록이 무성해 특별한 지점이나 이정표가 없으면 도통 어디가 어디인지 구분이 가지 않을 정도다. 여름 숲은 참 위대하다는 생각을 해본다.

바깥에서는 애써 피하려 드는 따가운 햇살이 사려니숲에서는 애써 찾게 되는 부드러운 햇살이 된다. 마음이 한없이 넉넉해지고 편안해지는 숲길. 누군가에게 내보이기 힘든 내 마음도 다 보듬어주고 위로해줄 것 같아서 이 길에 들어서면 어린아이처럼 마음이 맑아지고 미소가 환해진다.

혼자여도 좋고, 누군가랑 함께여도 좋은, 그냥 그렇게 다 좋은 숲길이다. 앞서서 나란히 걷는 사람들, 어쩜 저렇게 뒷모습이 닮을 수 있을까? 한눈에 봐도 한 가족임을 단 번에 알 수 있을 것 같다. 이번에는 아빠와 딸이 앞서간다. 함께 손을 잡고 다정하게 이야기하며 걷는 뒷모습이 참 좋아 보인다. 매월 변화하는 과정을 카메라 앵글에 담고 있는 나의 꿈꾸는 숲에도 오늘은 단란해 보이는 한 가족이 웃음꽃을 피우며 오순도순 앉아있다. 한적한 숲을 더 좋아하지만, 누군가의 이야기꽃이 더해지니 더욱 빛나고 아름다운 그림이 된다. 오늘따라 사람의 향기가 묻어나는 사려니숲이 더욱 행복해 보인다.

어찌나 숲이 우거진지 한낮인데도 햇살이 숨어버리면 어두컴컴하다. 햇살에 따라 조금씩 달라 보이는 숲의 빛깔이 참 신비스럽고도 아름답다. 비슷비슷해 보이지만 자세히 보면 똑같은 곳은 한 군데도 없다. 깊이 걸어 들어갈수록 더욱 한적해지는 사려니숲, 초록이 선물해주는 무한 에너지를 만끽하며 욕심껏 걸어본다.

물찻오름 입구를 지나니 넓었던 길이 제법 좁아진다. 그리고 더욱 울창한 숲길로 이어진다. 앗, 저건 뭐지? 눈앞에 기다란 막대기 같은 게 가로놓여있다. 혹시? 하는 생각에 걸음을 멈추고 바라보니 역시! 뱀이었다. 으악, 아악, 아악. 온몸을 부르르 떨며 소리를 질러댔다. 그냥 도로를 횡단하여 제 갈 길 찾아 숲으로 들어가고 있는데도 왜 이렇게도 무서운지. 갑자기 등에서 식은땀이 흐르고, 점점 으스스해지는 기분이다. 이제 계속 발아래를 쳐다보면서 혹시 마주칠지도 모를 뱀을 생각하며 걷게 된다.

그래도 좋아? 응. 좋아. 이렇게 아름다운 숲길을 어떻게 마다할 수 있겠어? 이쪽 길은 확실히 사람의 발길이 뜸한 곳이라서 투박

하고 날것 그대로의 느낌이라 좋다.

드디어 삼나무숲이 멋스러운 월든 삼거리에 도착한다. 이곳에서부터 동쪽 남조로 입구까지는 하늘 향해 쭉쭉 뻗은 삼나무숲길이 이어져 있다. 이곳의 삼나무숲은 1930년대에 만들어진 숲으로, 80년이 넘은 삼나무가 빼곡히 들어차 있는데 삼나무 유전자원 보존과 전시를 위해 지금도 이용되고 있다 한다.

폭신폭신한 흙길의 촉감을 느끼며 동그랗게 조성된 삼나무숲속 산책로를 따라 걸어본다. 흠흠흠, 향기가 얼마나 좋은지! 하늘을 찌를 듯 커다란 삼나무를 올려다보며 삼나무 사이사이로 스며드는 햇살의 반짝거림을 음미해본다. 이렇게 가까이에서 삼나무줄기를 구경해보긴 처음이다. 마치 이세 히데코伊勢英子의 그림책 속에 나올법한 오묘한 빛깔의 수채화를 닮은 삼나무줄기가 마냥 신기해 한참을 들여다본다.

숲으로 스미는 늦은 오후의 햇살이 참말 곱다. 꼬불꼬불 숲길을 따라 걸으니 절로 건강해지는 기분이 든다.

이야, 사려니숲! 도대체 너의 매력은 어디까지야?

사려니숲의 향기에 푹 빠져 걷다보니 어느새 남조로가 보인다. 고작 10km의 거리를 5시간 40분 동안이나 걸었네. 뱀이나 벌레 등에 대한 공포가 없으면 더 오래 걸렸을지도 모르겠다. 걷다보면 끊임없이 참견과 탐색의 욕구가 일어나서 자꾸만 걸음이 더뎌지는 사려니숲. 걸으면서도 연신 다른 계절에는, 다른 날씨에는 어떤 느낌일까? 또 얼마나 멋질까? 상상하게 된다. 역시 사려니숲은 걸으면 걸을수록 또 걷고 싶어질 만큼 중독성이 강하다.

D+171

한여름에 장만한 부츠

나는야 패셔니스타. 진짜 멋쟁이는 계절을 타지 않는 법. 맨발에도 땀나는 한여름에 장만한 멋진 부츠. 이렇게 멋진 부츠는 세상에 또 없을 걸? 완전 후끈후끈 땀내는 데 최고다.

뼈야 뼈야 어서 붙어라. 수리수리 마수리 얍.

오늘도 주문을 외워본다. 부츠가 싫어서 그런 건 아니야. 그냥 한라산이 그리워서 그런 거지.

며칠 전 유비랑 해변으로 산책 갔다가 돌계단에 부딪혔는데 발가락뼈가 부러졌단다. 앞으로 최소 4주 정도 부츠를 신고 있어야 한단다. 그후에도 뼈가 완전히 회복되려면 3개월을 기다려야 한단다. 당분간 걷는 것도 힘들고, 운전하는 것도 힘들겠다.

내 자유로운 걸음을 묶어버린 세상에서 가장 무거운 부츠.

한라산에도, 사려니숲에도, 다랑쉬
오름에도 가봐야 하는데….
뼈야 뼈야 제발 제발 붙어라.
수리수리 마수리 얍!

D+179

맘먹은 대로 살 거야

발을 다친 지 벌써 2주가 지났지만 여전히 마음껏 걸을 수 없는 신세라 답답하다. 밖으로 나갈 수도 없는데 야속하게도 하늘은 날마다 눈물 나게 아름답고, 평소에는 도도하던 한라산도 매일매일 멋진 자태를 뽐내며 어서 오라고 손짓한다. 차라리 눈앞에 보이지 않으면 덜 괴로울 것 같은데 제주까지 내려와서 꼼짝 못 하고 갇혀있는 신세라니 그야말로 고문이 따로 없다. 가까운 해변에라도 나가 바람 쐬는 걸로 만족하면 좋으련만, 바닷바람은 영 성에 차질 않는다. 바다 말고 산이 그립다. 한라산이 힘들면 오름에 머무는 바람이라도 실컷 만나보고 싶다.

그렇다고 포기할 내가 아니지. 며칠 노력해보니 요령이 생겨서 부츠 신고도 차를 운전할 수 있게 되었다. 그러니 두 발이 아닌 자동차로 올라갈 수 있는 오름이라면 충분히 도전해볼 만하다. 차로 오를 수 있는 오름을 찾아보니 한림읍에 위치한 '금오름'이 검색된

다. 오호라. 그럼 당장 가봐야지. 간만에 내 애마 블랙이를 깨워 하귀-애월-한림 해안도로를 신나게 달려준다.

한림읍 금악리 마을로 들어서니 아담한 금오름이 보인다. 오름 입구가 어딜까 두리번거리며 서서히 가고 있는데, 예쁘장한 마을 연못이 눈에 띈다. 우와, 연못에 비친 금오름 그림이 예술이로세. 오호, 연못을 들여다보고 있노라니 반영된 금오름이 신기하게도 입술 모양을 닮았다.

안녕? 만나서 반갑다.

금오름도 초록 입술을 씰룩거리며 반갑다고 인사를 건네는 것 같다. 두둥실 뭉게구름이 떠다니는 파란 하늘도, 아담하고 평화로운 마을 풍경도 연못에 담겨 반짝거린다. 이거이거 입구에서부터 이런 보물을 풀어 보여주다니 정상에 오르면 얼마나 더 놀래주려고 그러는 것일까? 한껏 기대에 부풀어 금오름 입구로 들어선다.

금오름은 금악오름, 검은오름으로도 불리며, 남북으로 두 개의 봉우리가 있고 커다란 원형분화구와 금악담이라는 산정화구호를 가지고 있다. 주차장을 지나니 좁다란 시멘트 포장길이 정상을 향해

쭉 이어져있다. 희망의 숲길이라는 표지판이 보이고, 안쪽으로 더 진입하니 도로만 겨우 보일 정도로 숲이 우거져있다. 외길이라 내려오는 차를 만나면 어쩌나 콩닥콩닥 두근두근하면서 올라가는데 다행히 정상 주차장까지 순조롭게 도착했다.

야호, 신난다! 차에서 내려서 보니 가슴 탁 트이는 풍경이 펼쳐진다. 저 멀리 두툼하게 깔린 구름 속으로 한라산이 보이고, 그 아래로 이시돌 목장의 너른 초원이 펼쳐진다. 바로 앞에는 새미소오름과 밝은오름, 뒤편으로는 누운오름, 가메오름, 이달오름, 새별오름이 반갑게 인사를 건넨다.

기대했던 산정화구호는 오랜 가뭄으로 모두 말라버리고 흔적만 남아 조금 아쉬웠지만, 금오름에 머무는 바람을 실컷 맞으면서 초원을 걸을 수 있다는 것만으로도 미치도록 행복했다.

보드라운 능선을 따라 서쪽으로 조금 걸어가니 저 멀리 해변에 홀로 앉아 있는 비양도가 보인다. 발만 안 다쳤으면 비양도까지 점프해보는 건데. 아직은 무리겠지? 서남쪽 해안을 따라가니 멀리 수월봉과 차귀도까지 눈에 들어온다. 어디서부터 어디까지가 하늘이고 바다인지 경계가 모호할 만큼 하늘빛과 바다빛이 닮아있다.

아, 이 바람의 향기! 이게 얼마 만에 느껴보는 자유의 향기인가 말이다. 얼마나 매혹적인지 잠시 넋 나간 사람마냥 바람에 취해 히죽거려본다. 역시 오름에서 만난 바람이 최고로 달콤하지?

한참을 벤치에 앉아 눈앞에 펼쳐진 아름다운 그림을 감상하며 한껏 여유를 부린다. 발만 불편하지 않으면 조금 더 걸어 반대편 정상 능선까지 다녀오는 건데 아쉽다. 욕심쟁이, 그래도 여기까지가 어디야? 그저 감사할 따름이다.

앗, 차량 한 대가 능선 주차장에 도착해서 바라보고 있는데, 하얀 웨딩드레스를 입은 신부와 턱시도를 차려 입은 신랑이 내린다. 그리고 이리저리 움직이며 수많은 포즈를 취하면서 사진 촬영을 하고 있다.

아이고, 이리 더운 땡볕에 올라와서 웨딩 포토를 찍다니, 대단하신 분들이다. 그렇지만 짝짝이 신발을 신고 절뚝절뚝 걸으며 이 오름에 서있는 당신만 하겠어?

간절히 원한다면 하고 살아야지. 그래야 마음에 병이 생기지 않는 법. 앞으로도 나는 쭈욱 이렇게 살 거야.

맘먹은 대로 살 거라고!

금오름

D+185

발아 발아, 네가 고생이 많구나

며칠 전 차를 타고 금오름에 올라 콧바람을 쐬어주었건만 며칠이나 지났다고 벌써 에너지가 소진되었는지 또 다시 오름 타령, 바람 타령이다. 에효. 그래그래. 오늘은 어디로 갈까?

오랜만에 군산 어때? 내침 김에 전라북도 군산까지 달려갔다 올까? 워워. 그냥 서귀포 군산이면 충분하다.

오랜만에 찾은 대평리 용왕난드르 마을, 향토음식점에 들러 구수한 보말수제비국으로 배를 든든히 채워준 다음 군산으로 향한다. 풀이 어찌나 무성하게 자라 있는지 자동차 한 대 겨우 지나갈 만큼의 공간만 남아있다. 자동차에 스크래치 나지 않게 조심조심. 행여나 내려오는 차가 있으면 피해줄 곳도 눈여겨 봐두고 꼬불꼬불 좁다란 길을 따라 한참을 올라가니 정상 부근의 주차장이 보인다. 짝짝이 신발을 신고 다시 계단을 따라 뒤뚱뒤뚱 3~4분쯤 걸어 올라가니 파란 하늘이 열리고 곧바로 시원한 풍경이 펼쳐진다.

우와! 여태껏 군산에 올라온 날 중 최고로 날씨가 좋은 날이다. 용왕난드르 마을의 평화로운 풍경과 눈이 시리도록 아름다운 바다가 끝없이 펼쳐진다. 군산 정상에는 용의 머리에 뿔이 솟은 것처럼 좌우 두 개의 뿔바위가 있는데, 정면으로 보이는 높은 뿔바위에 오르면 주변 전망을 더욱 시원하게 볼 수 있다.

정상에 올라왔으니 뿔바위에도 올라봐야겠지? 어머나, 뿔바위가 엄청나게 커다란 구름 날개를 달았네. 저러다 날아가는 거 아니야? 아, 정말이지 구름이 너무 예쁜 날이다.

너무 멋진 하늘을 쳐다보느라 잠시 발 걱정을 잊어먹는다. 이봐, 조심하라고! 당신 발 아픈 거 안 보여? 스틱으로 툭툭, 혹시나 숨어 있을지 모르는 뱀에게 주의를 주며, 다시 뒤뚱뒤뚱 아픈 발을 걱정하며 조심조심 뿔바위에 오른다.

뿔바위 정상에 서니, 한라산에서부터 서귀포 시내 전체가 거침없이 조망된다. 서쪽 해안을 따라가니 박수기정 너머로 산방산, 형제바위, 송악산, 가파도, 마라도까지 한눈에 들어오고, 동쪽 해안을 따라 시선을 옮기니 중문 컨벤션센터와 중문단지의 호텔들이, 그리고 멀리 월드컵경기장은 물론 섶섬과 문섬, 범섬까지 훤히 내려다보인다.

바람은 시원한데, 한낮의 햇살이 너무 따가워서 뿔바위 아래 그늘 쉼터에 앉아 느긋하게 쉼의 시간을 누려본다. 이따금씩 땀을 뻘뻘 흘리며 걸어 올라오는 탐방객에게 반가운 인사를 건넨다. 어떤 길로 올라왔을지 살짝 궁금하네. 다음에 발 다 나으면 나도 한번 걸어서 올라와봐야겠다.

그늘에 앉아 있으니 바람이 이렇게도 시원할 수 없다. 오늘따라 바다는 어쩜 저리도 거울처럼 투명하고 빛이 나는지, 투명한 바다에 담긴 구름의 반영이 너무나도 아름답다. 하염없이 구름을 쳐다보고 있노라니 수시로 형태를 바꾸며 움직이는 모습이 재미나다. 용왕난드르 앞 바다를 멋지게 수놓는 거대한 구름쇼를 보고 있노라니 시간 가는 줄 모르겠다. 오늘의 구름쇼, 너무 멋졌다. 그것도 무료로 실컷 관람하였으니 횡재한 셈이다.

멋진 구름아. 다음에 또 보자. 군산 뿔바위야, 안녕!

곧 해가 지려나보다. 바람 맞으며 정상에 오래 앉아 있었더니 한기가 느껴진다. 숲길 계단으로 들어서니 저녁 햇살이 포근하고 따스하다. 벌써 햇살이 따스하게 느껴지다니 이렇게 여름이 끝나는 건가? 여름을 맘껏 누리지도 못했는데 서서히 가을 그림자가 드리워지니 조금은 섭섭한 마음이 앞선다.

짝짝이 발, 올라올 때는 쉬웠는데 내려가는 길은 꽤 신경 쓰이고 불편하다. 혹시나 미끄러질까 조심조심 천천히 내려간다.

발아, 발아! 주인 잘못 만나서 네가 고생이 많구나.

주차장에 내려오니 다시 여유가 생겨서 따뜻한 자동차에 들어 앉아 노을을 감상해본다. 그런데 앞에서 노을 감상 중인 군산의 키 큰 나무들 때문에 시야가 답답하다.

야, 애들아! 좀 앉아봐. 너희 때문에 노을이 잘 안 보이잖아.

A U T U M N
MacBook Air

D+199

달려 달려~

발을 다친 지 어느덧 한 달이 지났다. 4주면 깁스를 풀 수 있다는 의사 선생님의 말씀은 거짓이었던 걸로. 몇 주 더 경과를 지켜보겠다 하신다. 나이를 먹어서 그런가? 왜 이렇게 뼈가 안 붙는 것일까? 마음껏 걸을 수 없는 신세가 되니 밖을 향한 그리움은 더욱 간절해진다. 다행히 운전하는 건 괜찮다고 해서 틈만 나면 드라이브를 하며 답답함을 달래주고 있다.

며칠 전에는 하루 종일 서쪽 해안도로를 달리다가 깜깜한 밤이 되어서야 돌아왔는데, 오늘은 집에서 가까운 동쪽 해안도로를 향한다. 1132번 일주도로를 달리다 조천 사거리에서 좌회전하여 조천-함덕 해안길로 들어선다.

와아, 바다다! 언제 봐도 가슴 울렁이게 만드는 제주의 푸른 바다! 왼팔을 뻗어 시원한 바람의 감촉을 한껏 느껴본다. 아, 살 것 같다. 손끝으로 느껴지는 바람의 향기에 감성이 충만해져서 때마침 흘러나오는 니요Ne-Yo의 〈Beautiful Monster〉를 신나게 따라 불러본다.

She's a monster, Beautiful monster, Beautiful monster, But I don't mind, No I don't mind, No I don't mind, No I don't mind….

지난봄에 놀러왔던 우리 꼬맹이 조카가 신나게 따라 불렀던 노래다. 오름도 몇 개씩이나 성큼성큼 잘 걸어 다니고, 5km 마라톤까지 완주한 우리 귀염둥이 조카, 갑자기 보고 싶네.

9월이 되니 아침저녁으로는 쌀쌀한데 한낮에는 여전히 한여름처럼 뜨겁다. 마침 썰물 때라 바닷물이 빠져서 모처럼 하얀 속살을 드러낸 함덕서우봉 해변, 한낮의 더위를 식히려는 여행자의 시원한 몸짓을 보니 저 환상적인 물빛에 뛰어들어 첨벙첨벙 걷고 싶은 충동이 마구 일어난다.

워워, 참으라고. 참는 자에게 맨발의 순간이 곧 다가오리라.

코발트 블루, 세룰리안 블루, 피콕 블루, 비리디안 휴. 내 수채화 물감 상자에 있는 수많은 블루 계열의 물감을 모두 풀어놓아도 이렇게 오묘하고 아름다운 빛깔은 흉내낼 수 없으리라.

'못 잊어서 또 오리' 함덕 해변 입구에 자리잡은 어느 음식점 간판에 공감의 미소를 보낸다. 하긴 이 아름다운 바다에 한 번 빠지고 나면 두고두고 눈앞에서 아른거려 기어이 또 오게 되지.

낮게 깔린 몽실몽실 구름떼를 쫓아 지극히 제주스러운 야자나무 가로수 길을 따라 달려본다. 시원한 바람을 가르며 욕심껏 달리고 있노라니 며칠 우울해 쪼그라들었던 내 시린 심장이 콩닥콩닥 콩닥콩닥. 다시 활력을 되찾은 듯 뜨뜻해진다.

이야, 김녕이다. 한낮의 햇빛에 반사되어 눈조차 제대로 뜰 수 없을 만큼 눈부시게 빛나는 하얀 모래밭, 거대한 바람개비의 날갯짓은 이국적인 그림을 그려내고, 환상적이라는 말로밖에 설명되지 않는 아름다운 바다에 취해 한적한 가을 해변의 멋스러움을 한껏 느껴본다. 운전하느라 고생한 가여운 내 오른발을 따끈한 모래밭에 놓아주고 쓰다듬어준다.

자유를 저당잡혔다고 투덜거리고, 답답하다고 투정부리는 일이 잦아지긴 했지만 아픈 만큼 성숙해진다고, 한동안 고삐 풀린 망아지마냥 들떠 쏘다니던 나를 가다듬고 머묾의 인내를 가르쳐주는 고마운 발이다.

모처럼 동쪽으로 달려왔으니 하도리 해변은 보고 가야겠지? 평소에도 한적한 곳이지만 휴가철이 지나니 더욱 고요해진 모래밭에 앉아 잔잔히 일렁이는 파도소리를 들으며 우도를 바라본다. 오늘따라 우도가 어찌나 선명하고 커다랗게 보이는지 마치 저기가 본섬이고, 내가 앉은 이곳이 작은 섬 같은 착각을 일으킨다. 한참을 눈앞에 펼쳐진 우도 그림을 감상하다가 심심해서 모래를 한 움큼 쥐었는데 함께 따라온 조개껍질이 참 예쁘다. 어랏? 이제 보니 조개껍질이 엄청 많구나. 우리 꼬맹이 조카 데려오면 엄청 좋아하겠는걸. 눈에 들어오는 조개껍질을 몇 개 골라 주머니에 넣고는 옷에 묻은 까슬까슬한 모래를 털어낸다.

이곳 제주섬에 마지막으로 남은 내 꺼 해수욕장, 제발 이곳만은 영원히 한적한 해변으로 남아있으면 좋겠다는 바람을 가져보면서 하도 해변과 작별한다.

안녕, 다음에 또 올게.

서쪽 하늘이 고운 노을빛으로 물들어가고 있다. 욕심껏 달리면서 아름다운 제주 해변의 풍경을 실컷 취한 덕분일까? 응어리졌던 마음이 저녁 하늘에 흩어지는 구름처럼 가벼워지고 내 몸에서도 향긋한 바다 내음이 폴폴 풍기는 것 같다. 아~ 좋다!

함덕서우봉 해변

D+202

미술관에서 노닐다

제주섬에 오래 머물면서 불편한 점이 있다면 문화생활을 마음껏 누릴 수 없다는 거다. 물론 제주에도 미술관이나 갤러리가 있긴 하지만 서울에 비하면 턱없이 부족하고, 규모도 작고, 다양하지 못하다. 그래서 도시에 사는 친구들의 전시, 공연 관람 소식 등을 접할 때면 은근 부러워하곤 했는데, 지난봄 이곳에서도 꽤 근사한 미술관을 발견했다. 그 당시 〈나의 샤갈, 당신의 피카소展〉 소식이 들려서 처음 찾아간 제주도립미술관은 전시보다 미술관 건물에 더 감동받았던 것으로 기억한다. 그후로 새로운 전시 소식이 짧게는 1개월에서 평균 3~4개월에 한 번씩 들려오지만, 굳이 꼭 전시장에 들어가지 않더라도 머묾 그 자체가 좋은 곳이라 틈날 때마다 찾아가는 곳이 되었다.

제주도립미술관을 좋아하는 이유는, 우선 미술관 건물이 산중턱에 있어서 굉장히 여유로우면서도 조용하기 때문이다. 그리고 화려하지 않은 무채색의 노출 콘크리트 건물이 주변의 멋진 자연경관과 어우러져 그 자체가 작품이 되어 볼 때마다 기분이 좋아진다.

아직도 오른발의 깁스를 풀지 못한 상태라 트레킹은 상상도 할 수 없고, 덕분에 열심히 가을 전시회 그림 작업에 매진 중이다. 그런데 오늘따라 하늘이 또 어찌 저리도 유혹적인지, 잠깐 바람이라도 쐬고 올 겸 도립미술관을 향해 달린다.

연북로를 따라 서쪽으로 달리다보니 한라산이 점점 가까이 보인

SPRING
제주도의 봄

SUMMER
제주도의 여름

AUTUMN
제주도의 가을

WINTER
제주도의 겨울

다. 초여름에 다녀오고 못 가본 지 벌써 100일이나 지났네. 지금쯤 한라산은 서서히 단풍 준비를 하고 있으려나? 직접 올라가 볼 수는 없지만 이렇게 지척에서 눈맞춤할 수 있다는 것만으로도 감사하다.

새파란 하늘을 배경으로 다소곳이 앉아있는 도립미술관. 맑은 날에 보니 거울 연못에 담긴 주변 풍경이 더욱 아름다워 보인다. 쉴 새 없이 지나가는 구름과 멀리 희미하게 보이는 한라산, 연못 주변의 초록나무와 설치작품들, 미술관으로 향하는 관람객의 경쾌한 발걸음, 미술관 건물의 열린 프레임까지도 담백하게 담겨 있다. 날씨에 따라 시간의 흐름에 따라 거울 연못의 풍경이 실시간으로 달라지고, 이 모든 것이 거울 연못이라는 거대한 캔버스에 고스란히 담겨 그대로 멋진 작품이 된다. 거울 연못을 들여다보고 있노라니 그냥 한없이 머물고픈 욕심이 생긴다.

미술관 건물로 들어서니 전면의 통유리를 통해 바깥 풍경이 훤히 내다보이고, 왼편에 매표소와 안내데스크가 보인다. 이미 관람을 마친 전시지만 관람료가 달랑 1,000원이라 다시 봐도 부담스럽지 않다. 그러나 아직 많이 걸으면 좋지 않을 것 같아 전시장은 생략하고, 로비를 두리번거리니 햇살 가득한 창가에 놓인 빨간 우체통이 시선을 사로잡는다. 어? 실제로 사용하는 우체통인가? 신기해서 다가가니 우체통 옆에 쓰인 문구가 눈에 띈다.

꼭 전하고 싶었던

'사랑한다'

'고맙다'
'미안하다'는 말…
오늘 미술관 창가에 앉아
엽서로 전해보세요.
내일이면 늦을지도 모릅니다.

사랑한다, 고맙다, 미안하다. 그래. 내일이면 늦을지도 모르지. 살면서 꼭 필요한 소중한 말인데 너무 인색하게 지내진 않았나, 잠시 돌아본다. 내친 김에 엽서 몇 장을 사서 내일이면 늦을지도 모르는 그 말들을 조심스레 꺼내본다. 사랑해요, 고마워요, 미안해요. 마음속에 담아둔 말을 수줍게 꺼내놓으니 가을 햇살 닮은 말간 미소가 피어오른다.

꼬르륵, 오랜만에 멋진 작품을 실컷 구경했더니 배가 고프네. 미술관 카페테리아 창가에 앉아 달달한 와플 한 조각과 캐러멜 마키아토를 홀짝홀짝 마시며, 영원히 질리지 않을 것 같은 바깥 풍경에 실컷 취해본다. 어느덧 말간 햇살은 노오랗게 익어가고, 투명하던 거울 연못도 황금빛으로 물들어간다. 와우, 오늘도 노을빛이 예술이로세. 역시 제주의 노을은 어디서 봐도 좋구나.

잠깐 바람만 쐬고 들어갈 참이었는데, 놀다보니 어느새 저녁이다. 전시를 관람할 목적으로 들러서 전시장만 휙 둘러보고 가는 그런 이기적인 미술관 말고, 이렇게 미술관 구석구석 발도장도 찍고 호기심 많은 어린아이마냥 두리번거리기도 하면서 시간 가는 줄 모르게 노닐 수 있는 놀이터 같은 미술관, 나는 이런 미술관이 좋다. 역시 미술관도 제주스럽지? 아, 오늘 마실도 참 달달하였노라.

제주의 문화생활 공간 / 유용한 사이트

이름	주소	전화번호	관람 시간
다양한 미술품 전시를 볼 수 있는 곳			
제주도립미술관	제주시 1100로 2894-78	064-710-4300	9 : 00~18 : 00 (7~9월 : ~20:00) 휴관일 : 매주 월요일, 1월 1일, 설날, 추석
제주현대미술관	제주시 한경면 저지14길 35	064) 710-7801	9 : 00~18 : 00 (7~9월 : ~19:00) 휴관일 : 매주 수요일, 1월 1일, 설날, 추석
갤러리 노리	제주시 한림읍 용금로 891	064-772-1600	11 : 00~18 : 00 휴관일 : 매주 수요일, 설날, 추석
기당미술관	서귀포시 남성중로 153번길 15	064-733-1586	9 : 00~18 : 00 (7~9월 : ~20 : 00) 휴관일 : 매주 화요일, 1월 1일, 설날, 추석
이중섭미술관	서귀포시 이중섭거리 87	064-760-3567	9 : 00~18 : 00 (7~9월 : ~20:00) 휴관일 : 매주 월요일, 1월 1일, 설날, 추석
김영갑 갤러리 두오악	서귀포시 성산읍 삼달리 437-5	064-784-9907	9 : 30~18 : 00 (7~8월 : 19 : 00, 11~2월 : ~17 : 00까지) 휴관일 : 매주 수요일, 설날, 추석
탐라에서 제주까지, 제주의 역사와 문화를 배울 수 있는 곳			
국립제주박물관	제주시 일주동로 17	064-720-8000	9 : 00~18 : 00 (주말, 공휴일 : ~19:00) 휴관일 : 매주 월요일, 1월 1일
한국의 전통문화와 아름다운 공예품을 만날 수 있는 곳			
본태박물관	서귀포시 안덕면 산록남로 762번길 69	064-792-8108	10 : 00~18 : 00 연중무휴

다양한 공연, 연극 및 콘서트를 볼 수 있는 곳		
이름	주소	전화번호
제주아트센터	제주시 오남로 231	064-753-2209
서귀포 예술의 전당	서귀포시 태평로 270	064-760-3341
제주문예회관	제주시 동광로 69	064-710-7632

제주도의 영화관		
이름	주소	전화번호
메가박스 제주점	제주시 중앙로 14길 18	1544-0070
메가박스 제주아라점	제주시 구산로 4	1544-0070
CGV 제주점	제주시 서광로 288	1544-1122
롯데시네마 제주점	제주시 노형로 407	1544-8855
롯데시네마 서귀포점	서귀포시 월드컵로 33	1544-8855
영상문화예술센터	제주시 중앙로 5길 6	064-756-5757

알아두면 유용한 사이트	
이름	사이트 주소
제주특별자치도청	http://www.jeju.go.kr
제주도청관광정보	http://www.jejutour.go.kr
제주올레	http://www.jejuolle.org
한라산국립공원	http://www.hallasan.go.kr
제주버스정보시스템	http://bus.jeju.go.kr
제주지방기상청	http://web.kma.go.kr/aboutkma/intro/jeju
제주도에서 살기 위한 모임	http://cafe.daum.net/jesalmo
제주맘	http://cafe.daum.net/jejumam
제주공공도서관	http://lib.jeju.go.kr
제주 4.3평화공원	http://jeju43.jeju.go.kr

D+207

물회에 미치다

벌써 내일부터 추석연휴가 시작된다. 어딘가로 떠나고플 때마다 찾게 되는 내 참새 방앗간 도두봉. 오늘도 제주공항 활주로에는 수많은 항공기의 행렬이 이어지고 있다. 또 어떤 여행자가 착륙하고, 어떤 여행자가 떠나고 있을까?

제주섬은 다 좋은데, 연휴나 휴가철이 되면 밖으로 드나들기가 여간 불편한 게 아니다. 여름에는 성수기라고 해서 비행기 티켓 구하기도 어렵고 가격도 어마어마하게 비싸서 불편하게 하더니 이번 추석연휴도 크게 다를 바 없는 것 같다. 평소에는 저가항공기를 이용해 서울까지 왕복 5~6만 원이면 다녀올 수 있는데, 성수기나 연휴가 되면 왕복 20만 원으로도 부족해서 쉽사리 나갈 엄두가 나질 않는다. 뭐, 꼭 그게 아니더라도 지금은 다친 발 때문에 멀리 이동할 수 없어서 이번 추석은 그냥 제주에서 보낼 참이다.

마침 오늘이 오일장 서는 날이라 장에 들러 과일이랑 송편, 야채를 사서 트렁크에 가득 싣고 시원한 물회 한 그릇이 그리워 도두봉에 들러본다.

물회 때문에 도두봉이 좋아진 것인지, 도두봉 때문에 물회가 좋아진 것인지는 애매모호하지만, 아무튼 이곳에 오는 날에는 꼭 물회를 먹고, 물회를 먹는 날에는 꼭 도두봉에 오른다는 거. 공교롭게도 내가 좋아하는 물회맛집이 이곳 도두봉 아래에 있어서 내게 도두봉과 물회는 뗄레야 뗄 수 없는 관계가 되어버렸다.

도두항에서 바라본 도두봉

태생이 바다라 그런지 유난히 활어회를 좋아한다. 이곳 제주도에 머물면서 봄부터 지금까지 계속 싱싱한 활어를 먹을 수 있어서 좋았는데, 그 싱싱한 활어로 다양한 물회를 맛볼 수 있어서 더욱 좋았다. 한치물회, 소라물회, 전복물회, 자리물회, 옥돔물회, 해삼물회, 객주리쥐치물회, 어랭이물회, 갈치물회 등 제주의 물회는 그 종류도 다양하고 맛 또한 별미 중에 별미다. 그 중에서 내가 가장 좋아하는 물회는 소라물회와 한치물회다.

이곳에 이사 와서 처음 먹게 된 소라물회는 말로는 다 설명이 안 되는 맛이었다. 그래서 지인이 제주에 오면 꼭 데려가 맛보게 했는데, 다들 양손 엄지손가락을 치켜세울 정도로 만족도가 높다. 소라물회는 바다에서 해녀분이 직접 따오신 싱싱한 소라를 얇게 썰어 성게와 양파, 오이, 깻잎 등을 넣고 만드는데 오돌오돌 씹히는 소라의 식감도 좋지만, 씹을수록 바다향이 입안에 가득 퍼지는 게 예술이다. 그런데 여름이 되니 소라보다는 한치물회 맛이 훨씬 더 좋아진다. 한 번 두 번 맛들인 한치물회는 아직도 며칠에 한 번씩 먹으러 갈 만큼 나의 단골 메뉴가 되었다.

“몇 분이세요?”

“한 명이요.”

매번 들어올 때마다 무심하게 물어보는 종업원의 상투적인 질문에 ‘보면 몰라? 혼자잖아’ 살짝 섭섭한 마음이 된다.

“오늘 물회 다 돼요?”

“네, 오늘은 다 됩니다.”

며칠 전 왔을 때는 ‘한치물회만 빼고 다 됩니다’라고 해서 다른 물회를 먹어야 했는데, 오늘은 한치물회를 먹을 수 있겠다는 생각에 섭섭한 마음이 풀리고 기분이 좋아진다. 이곳 한치물회는 활어를 사용하기 때문에 한치가 잡히는 날에는 먹을 수 있지만, 그렇지 않는 날에는 먹을 수가 없으므로 주문할 때 꼭 물어봐야 한다. 그래서 어떤 날에는 오기 전에 전화로 확인하고 올 때도 있다.

조금 기다리고 있으니 맛깔스러운 밑반찬과 함께 싱싱한 한치물회가 등장한다. 야들야들해 보이는 뽀얀 흰살의 한치가 야채와 함께 풍성하게 담겨있다. 아, 보기만 해도 군침이 돌고 미소가 절로 피어난다. 수저를 들어 국물 맛을 보니, 입안에서 느껴지는 부드럽고 고소한 맛이 일품이다. 아궁, 맛나다. 몇 끼 굶은 사람처럼 그야말로 폭풍 흡입한다.

물회의 맛은 싱싱한 재료가 좌우하겠지만, 국물 맛을 좌우하는 양념장의 비율 또한 굉장히 중요하다. 된장, 고추장, 식초, 설탕 등의 양념 중에서 어느 것에 비중을 더 많이 두느냐에 따라 맛이 달라지는데, 제주의 물회는 고추장보다는 된장의 비율이 높아 더 맛있다. 물론 어떤 곳은 된장을 너무 많이 넣어 텁텁하고 무거운 맛이 나는 곳도 있고, 또 어떤 곳은 고추장을 많이 넣어 너무 자극적인 맛이 나는 곳도 있다.

물회를 워낙 좋아하다보니 소문난 맛집까지 찾아다니면서 다양하게 먹어보았는데, 한치물회는 이 집 맛이 제일 좋다. 어찌나 국물 맛이 깔끔하고 고소한지 오늘도 마지막 국물 한 방울까지 남기지 않고 깔끔하게 비웠다.

제주의 바다에서 잡아 올린 싱싱한 해산물로 만든, 먹어도 먹어도 질리지 않는 제주의 물회, 여름철 입맛 없는 날에도, 특히 요즘처럼 발이 묶여 스트레스 심한 날에도 이곳 물회 한 그릇만 먹고 나면 사라진 입맛이 돌아오고 살맛 또한 충천해지는 느낌이다. 이렇게 맛나는 한치물회를 실컷 먹었으니 뼈야 뼈야, 제발 좀 빨리 붙어주면 안 되겠니?

INFORMATION
FOR LIVING JEJU

저렴한 제주항공권 구하기

섬에 살다보니 타 도시로 이동할 때면 항공기를 이용할 일이 많은데, 특히 내 경우에는 많게는 매주 왕복 1회, 적게는 월 왕복 1회는 꼭 항공기를 타야만 했다. 그럴 때마다 항공요금이 제일 부담스러웠는데, 다행히 제주-김포 간 노선의 항공사가 많이 늘어나서 가격 경쟁이 치열해지다보니 탑승 요일만 잘 조절하면 아주 저렴하게 이용할 수가 있다. 각 항공사별 얼리버드 항공권을 이용하는 것도 하나의 방법이지만, 환불이 불가능하고 여정 변경 수수료가 높아서 종종 스케줄이 취소되었을 때 손해보는 경우가 있으니 신중해야 한다.

보다 저렴한 항공권을 원한다면 각 항공사마다 요일에 따라, 시간대에 따라, 구매시점에 따라 가격 차이가 크므로 수시로 항공사별 가격 체크를 해보는 것이 좋다. 여러 항공사를 한꺼번에 실시간으로 보여주는 사이트도 있지만, 특가 항공권까지는 보여주지 않는 곳이 있어서, 각 항공사 사이트에 들어가 특정일을 기준으로 놓고 가격을 비교해보고 구매하는 것이 가장 저렴한 것 같다. 특히 화요일, 수요일, 목요일은 거의 모든 항공사에서 양방향 항공권 구하기도 쉽고 가격 또한 엄청 저렴하다. 특히 이벤트 특가 항공권을 이용할 때면 왕복 5만 원 정도면 제주-김포 간을 이용할 수 있어서 좋다. 반면 주말에는 최소 20만 원 정도는 지불해야 이용할 수 있기 때문에 가능하면 주말 이용은 자제하는 것이 좋다. 그러나 주말에도 김포에서 제주로 내려올 때는 토요일 늦은 오후나 일요일에는 꽤 저렴한 항공권을 구할 수 있다. 저렴한 제주항공권을 원한다면 역시 뭐니 뭐니 해도 손품이 최고다.

제주-김포 노선 운항 항공사			
항공사	사이트	항공사	사이트
아시아나항공	http://flyasiana.com	제주항공	http://www.jejuair.net
티웨이항공	http://www.twayair.com	진에어	http://www.jinair.com
이스타항공	http://www.eastarjet.com	에어부산	http://www.airbusan.com
대한항공	https://kr.koreanair.com		

D+215

예쁘다 예뻐~

'언니, 제주도에서 불가사리를 잡을 만한 곳이 어디 없을까?'
서울에 사는 동생에게 날아온 엉뚱한 메시지에 고개를 갸웃거린다. 갑자기 웬 불가사리 타령이람? 생각해보니 우리 꼬맹이 조카가 얼마 전부터 별모양의 불가사리를 좋아한다는 소리를 얼핏 들은 것 같다. 아마도 조카에게 불가사리를 보여주려고 그런가보다. 그런데 어딜 가야 불가사리를 볼 수 있지? 아무리 생각해봐도 딱히 떠오르는 곳이 없다. 조카를 기쁘게 해주고 싶은 마음에 '제주 불가사리'라는 키워드를 입력해 이리저리 검색해보니 다행히 바다 생물을 손으로 잡을 수 있는 바다 체험 학습장이 있단다. 동생한테 검색 정보를 알려주었더니 어제 저녁 바로 조카랑 함께 비행기 타고 날아왔다.

아들한테 불가사리 잡는 체험을 하게 해주려고 제주도까지 날아오다니 동생의 열정에 혀를 내두를 정도다. 하긴 요즘에는 이론에 그치는 학습이 아닌 현장학습을 통한 교육이 대세다. 그것도 가족과 함께 여행을 하면서 직접 보고, 듣고, 만지는 체험학습을 한다면 1년 내내 책상 앞에 앉아 책만 보면서 공부하는 시간보다 훨씬 더 가치 있고 의미 있는 시간이 되지 않을까 생각된다. 그런 면에서 내 동생에게 진정 멋진 엄마라고 칭찬해주고 싶다.

불가사리를 잡을 기대에 부푼 조카는 깨우지도 않았는데 아침 일찍부터 일어나 재잘거린다.

"이모, 오늘 불가사리 잡으러 가는 거예요?"

"그럼~"

해맑은 미소를 지으며 유비랑 장난치는 우리 조카, 너무나도 예쁘고 사랑스럽다. 그런 조카에게 한시라도 빨리 불가사리를 보여주고 싶어서 바다 체험 학습장 오픈 시간에 맞춰 서둘러 달려가보니 다행히 불가사리가 있다. 그리고 손으로 직접 잡아볼 수도 있단다. 조카는 불가사리를 보더니 연신 환호성을 지르며 입이 귀에 걸려 다물어지질 않는다. 녀석, 저렇게 좋을까? 불가사리를 잡고 있는 동생이랑 조카를 보니 흐뭇하다.

색깔이 워낙 밝아서 금방 눈에 띄는 주홍빛 불가사리가 한 마리, 두 마리, 그리고 엄청나게 큰 불가사리가 또 한 마리, 불가사리가 늘어날 때마다 조카의 웃음꽃은 더욱 활짝 피어나고 환호성도 커진다. 그렇게 한참을 신나게 놀았는데, 이곳 체험 학습장의 규칙상 잡은 불가사리를 다시 놓아줘야 하고 가져갈 수 없다는 말에 조카는 울상이 된다.

"재원아, 그럼 우리 바닷가로 직접 잡으러 가볼까?"

어느 곳을 가더라도 불가사리를 직접 잡기는 쉽지 않겠지만, 어떻게든 조카의 마음을 풀어주고 싶고 또 다른 즐거움을 안겨주고 싶어서 전에 봐두었던 하도리 해변으로 달려갔다. 하도 해변은 다른 해변과 달리 패류 껍데기나 산호조각이 모래에 많이 섞여 있어서 모래밭이 제법 거칠다. 그래서 해수욕을 하기에는 불편하지만, 모래밭에서 패류 껍데기를 줍거나 모래놀이를 하기에는 아주 좋다. 조카는 하도리 해변이 마음에 들었는지 도넛 봉지를 손에 들고 야금야금 먹으면서 모래밭을 깡충거리며 뛰어다닌다. 밀려오는 파도에 다가갔다 도망치기도 하고, 불가사리를 찾을 요량으로 모래밭 이곳저곳을 두리번거린다.

"재원아, 이것 보라요. 이모가 예쁜 조개껍질 주웠다요."

모래밭에 떨어진 조개껍질을 주워 보여주니 조카는 급急 관심을 보이며 보물이라도 찾을 듯한 기세로 모래밭에 쭈그려 앉아 조개껍질을 찾아낸다. 동생과 나, 조카는 이제 불가사리는 까맣게 잊어버리고 처음부터 조개껍질을 주우러 나온 사람들처럼 조개껍질 찾기에 열을 올린다.

조개껍질을 줍다보니 집 앞 바다가 놀이터였던 어린 시절, 동생이랑 함께 틈만 나면 소라, 고동, 불가사리, 성게 등을 잡던 생각이 떠오른다. 물론 그때는 껍질보다는 알맹이가 꽉 찬 것이 많아 엄마한테 삶아달라고 해서 맛있게 까먹고, 껍데기는 도화지에 예쁘게 붙여서 집도 만들고, 꽃밭도 꾸며보고, 그것도 모자라 물감으로 알록달록 색칠까지 해가면서 놀았는데, 그때 내가 만든 그 소라껍질 집은 어디로 갔을까? 새삼스레 궁금해진다.

"이모, 이것 봐요."

조카가 내 등을 툭툭 치더니 조개껍질을 든 고사리 같은 손을 내민다. 연보랏빛을 띤 부러진 조개껍질 조각이었다.

"우와, 예쁘다. 우리 재원이가 예쁜 조개껍질을 찾았네."

조카는 자기 엄마한테도 쪼르르 달려가 조개껍질을 보여준다.

"멋지네. 그런데 재원아, 이렇게 깨진 것 말고 더 예쁘게 생긴 것을 찾아보세요."

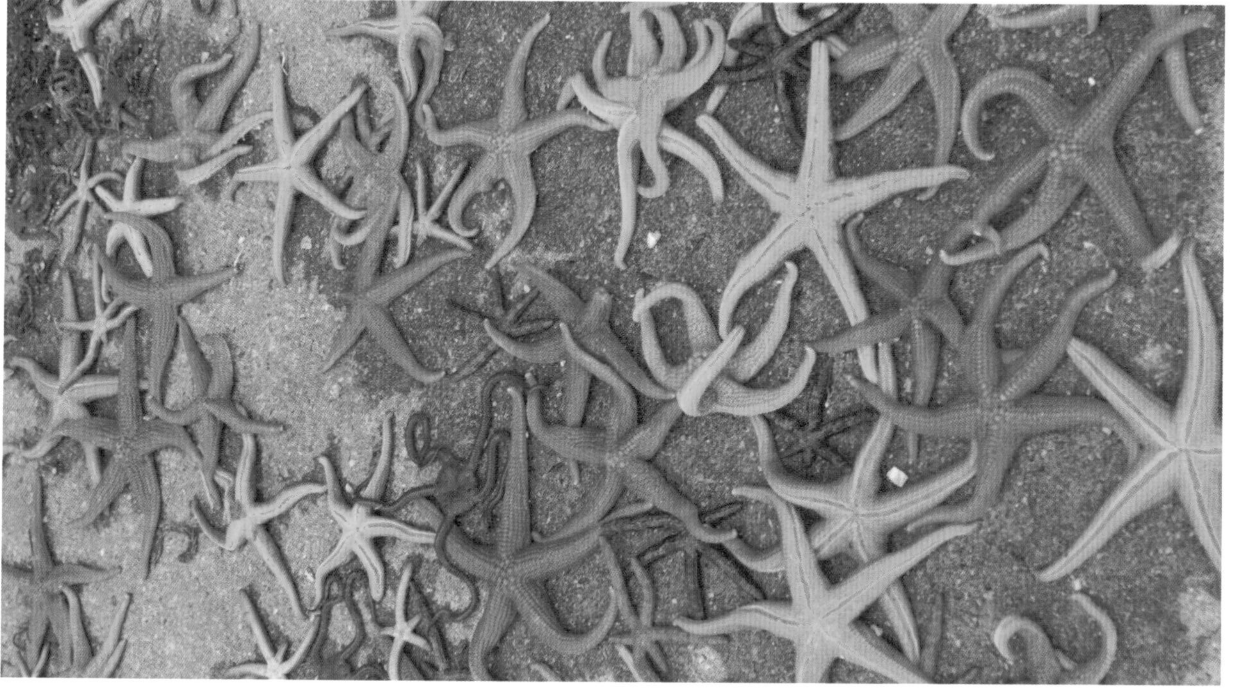

동생은 깨진 조각이 별로 맘에 들지 않았는지 다른 걸 찾아보라고 한다.

"우와, 예쁘다. 엄마, 이거 어때요?"

"아니아니, 이건 여기가 구멍 났잖아. 더 예쁜 걸로 찾아보세요."

그후에도 조카가 내민 것은 대부분 어딘가 깨져 있거나 구멍이 나 있거나 너무 조그만 것이었는데 조카 눈에는 우리가 골라내는 그 흠이 전혀 보이지 않은 것 같았다. 그후에도 동생과 조카의 예쁜 조개 찾기는 계속 되었는데, 그런 두 사람의 모습을 보고 있노라니 문득 '예쁘다'에 대한 의미를 생각해보게 된다.

도대체 '예쁘다'의 기준은 뭘까?

순수한 동심을 가진 조카가 보기에는 온전하게 생긴 것, 깨진 것, 구멍 난 것, 조각 난 것 등의 경계가 없이 그냥 있는 그대로 좋아 보이는 것은 다 '예쁘다'인데, 예쁜 것과 예쁘지 않은 것에 대한 기준이 극명한 우리 어른의 눈으로 보기에는 조카가 고른 것은 세상의 기준과 가치에 미달되는 것이고 예쁘지 않은 것이다. 비단 조개껍질뿐만이 아니다. 우리는 어렸을 적부터 줄곧 더 예쁜 것, 더 좋은 것, 더 아름다운 것만 최고라고 교육받았고 그것을 추구하며 살아왔다. 그래서 외모 지상주의, 성형 열풍도 생긴 것이고, 우리가 교육받은 그대로를 아이에게도 똑같이 강요하고 있다. 꼭 그렇게 온전해야만 가치가 있고 아름답고 예쁜 것일까?

하긴 나도 그랬다. 서울에서 바쁜 도시 생활을 할 때는 내 눈도 그랬던 것 같다. 가령 하늘을 보더라도 새파란 하늘에 흰 구름이 두둥실 높게 떠 있어야만 내겐 예쁜 하늘이었다. 그 외의 하늘은 온갖 흠을 갖다대며 만족해하질 못했다. 뭐든 온전해 보이고 깔끔해 보이고 완벽해 보이는 것을 선호했다.
그런데 제주에 몇 개월 머물면서 그런 내 눈도 많이 달라졌나보다. 얼마 전에 친구가 놀러 와서 며칠 드라이브하며 같이 지냈는데, 흐린 하늘을 보고 내가 환호성을 질렀다.
"와 예쁘다, 너무 멋지다!"
친구가 핀잔을 준다.
"다 예쁘대. 만날 예쁘대. 네 눈에 안 예쁜 것도 있니?"
"왜? 예쁘잖아!"
"오늘 하늘은 그렇게 예쁜 하늘은 아니야, 그냥 평범하구만 그래."
친구의 말을 듣고 다시 하늘을 찬찬히 뜯어보았는데도, 흐린 하늘이긴 하지만 먹구름이 은은한 빛을 띠고 있는 것이 은근히 멋스러우면서 분명 예쁜 게 맞다. 내 눈이 이상해진 것인가?
"그런데 내가 예쁘다는 소리를 그렇게 많이 했어?"

"그래. 아마 네가 쏟아내는 말 중에서 예쁘다가 가장 많을걸?"
그랬구나. 나도 몇 개월 전만 해도 분명 내 친구의 눈을 가지고 있었는데, 언제 이렇게 변한 걸까? 우리 조카가 깨진 조개, 구멍 난 조개, 못생긴 조개를 보며 예쁘다고 감탄한 것처럼 요즘 내 눈에도 흐린 하늘, 구름 없는 하늘, 뿌연 하늘, 비오는 하늘 모든 게 다 예뻐 보인다.
아마도 제주의 아름다운 모든 것이 내 마음에 스며들어 점점 '예쁘다'의 기준을 모호하게 만들고 있는 것 같다. 물론 아직도 예쁘지 않은 것에 대한 기준이 분명하지만 제주에 좀 더 오래 머물다 보면 우리 예쁜 조카처럼 그냥 모든 것이 조건 없이 다 예뻐 보일지도 모르겠다.
'예쁘다'의 사전적 의미는 '눈으로 보기에 좋고 사랑스럽다'이다. 내 눈에 보이는 제주도는 온통 눈으로 보기에 좋고 사랑스럽다. 이렇게 예쁜 제주도에 머물고 있다는 사실이 새삼 감사하게 느껴진다.
가끔씩 일상에서 미운 마음이 생길 때면 이곳 하도 해변으로 달려와야겠다. 작은 산호 조각, 구멍 난 보말껍데기, 조각난 조개껍질, 하나하나 찾아내면서 "와, 예쁘다" "완전 예쁘다" 환호성을 지르며 호들갑을 떨어봐야지.
사랑한다, 예쁜 우리 조카! 고맙다, 예쁜 제주도!

D+217

드디어 맨발

발 깁스를 한 지 48일 만에 불편했던 깁스를 풀고 가벼운 운동화로 첫 나들이를 하는 날. 그동안 본의 아니게 신어야 했던 짝짝이 신발이 익숙해져버린 걸까? 신발장에서 오랜만에 꺼낸 짝이 딱 맞는 한 쌍의 운동화가 왠지 낯설게 느껴진다.

아프면 어쩌지? 조심스럽게 이제 막 자유를 찾은 오른발을 운동화 속으로 밀어넣으니 다행히도 편안한 느낌이다.

내 오른발, 그동안 고생 많았다!

깁스를 풀면 제일 먼저 하고 싶었던 것은? 당근 한라산에 올라가 보는 거겠지? 하지만 지금 당장 갑자기 많이 걷는 것은 위험하단다. 아직 완전한 상태가 아니므로 1~2주에 한 시간 정도씩 걸음을 늘리라고 한다. 깁스만 풀면 어디든 내가 가고픈 곳으로 달려갈 수 있을 거라 기대했건만 또 다시 인내의 시간을 견뎌야 한다. 그래도 이 만큼이 어디야? 이렇게라도 조금씩 걸을 수 있음에 감사하다.

어디로 갈까? 깁스 때문에 여름 내내 물놀이 한 번 못 했던 게 생각나 가까운 해변으로 달려간다. 신발을 벗고 보드라운 모래밭에 두 발을 내려놓는다.

아, 좋다. 발바닥으로 전해지는 까슬까슬 마른 모래의 촉감이 참 좋다. 바닷물에 보드라워진 젖은 모래의 촉감도 참 좋다. 이 느낌, 얼마만인지! 발이 시릴 줄 알았는데, 생각보다 따스하고 시원하다.

자, 이건 선물. 바닷물에 두둥실 떠다니는 동그란 해초를 발등에 각각 올려주며 여름에 신어보지 못했던 짝이 딱 맞는 예쁜 해초 샌들을 내 두 발에게 선물해준다. 이제 아프지 말라고. 깁스 푼 거 축하해.

그동안 애써 참았던 아팠던 마음이 울컥거린다. 감사합니다!

이상한 나라의 앨리스
이상한 나라의 앨리스
이상한나라의앨리스

D+228

나만의 이동도서관

가을비 보슬보슬 내리는 날에, 비 내음도 그립고 숲 내음도 그리워, 욕심껏 책을 챙겨 들고 사려니숲을 찾는다.
촉촉하게 젖은 사려니. 상쾌한 숲 내음이 진동한다.
손을 내밀지 않아도, 코를 킁킁거리지 않아도 눈맞춤만으로 느껴지는 사려니의 향기!
운 좋게 숲 주차장에 주차를 하고, 여름에는 더워서 제 구실을 하지 못했던 나만의 이동도서관, 가을 사려니숲에서는 제대로 실력 발휘를 할 시간. 제법 쌀쌀해진 날씨에 무릎담요로 온몸을 감싸주고 맛난 책을 꺼내 야금야금 맛본다.
툭툭툭툭 유리창에 내려앉은 빗방울이 또르르 또르르르 미끄럼을 타고, 지붕 위에서는 빗방울 자장가 연주가 한창이다. 아함, 왜 이렇게 졸리지? 꾸벅꾸벅 꾸벅꾸벅… 간만에 달콤한 꿀잠을 잔다.
까악까악 까악까악~ 어이쿠 시끄러운 녀석들. 원치 않은 까마귀 알람 소리에 잠이 깨고, 또다시 야금야금 책을 맛본다.
비가 내리는 날에는 숲속 도서관으로, 바람 부는 날에는 바다 도서관으로. 어디든 원하는 곳에 멈춰 서는 나만의 이동도서관. 책도 보고, 음악도 듣고, 잠도 자고, 그림 구경도 하는, 아주아주 행복하고 달콤한 머묾. 나만의 이동도서관에서는 뭐든 달콤하고 자유롭다.

D+232

내가 그린 그림 03

그림 공부를 하는 사람들과 함께 참여하는 세번째 전시회. 해마다 가을이면 한 가지 테마를 정하고 그에 맞게 한 작품씩 그림을 그려서 전시를 한다. 이제 그림을 시작한 지 몇 개월밖에 안 된 생초보의 떨리는 솜씨부터 3~4년 된 조금 덜 초보의 설레는 솜씨와 10년 이상 된 노련한 솜씨까지 우리의 전시장에는 우리가 그린 꿈으로 가득하다.
나의 노년은 어떤 모습일까? 아직은 내 노년의 모습을 상상하기는 힘들지만, 30~40년쯤 후 내 모습은 이런 모습이면 좋겠다.

> 여든아홉 살이 되었지만 하고 싶은 일, 배우고 싶은 것이 아직 많습니다. 오래도록 이렇게 사는 기쁨을 만끽하고 싶어요. 산다는 건 정말 멋진 일이니까요.

내 삶의 지표를 흔들어버린 사람, 내가 그림을 시작할 수 있게 동기부여를 해준 사람, 내가 닮고 싶은 사람, 타샤 튜더.
자연의 아름다움에 감사하며 행복한 미소를 머금고 하루하루 기쁘고 즐겁게 사는 미래의 내 모습, 내가 꿈꾸는 풍경을 그려보았다.
한라산처럼, 사려니숲처럼, 제주의 바람처럼 아름다운 그림을 그리는 행복한 사람이 되고 싶다.
내가 그린 퍼즐 조각을 맞추다보면 언젠가는 내가 꿈꾸는 진짜 풍경을 완성할 날이 오겠지? 아직 많이 서툴지만 내가 꿈꾸는 풍경을 바라보는 지금 이 순간이 축복이고 행복이다. 또 다른 행복한 그림을 꿈꾸며 전시장을 나선다.

〈내가 꿈꾸는 풍경〉, 2013, watercolor on arches

D+238

특별한 동화, 금능

깁스를 풀긴 했지만 여전히 무리한 걸음은 금물이라 오름보다는 해변을 찾는 일이 더 많아진다. 제주에서 1년 살아보기를 하면 제주의 구석구석 안 가본 곳 없이 다 가볼 줄 알았는데, 정작 살아보니 집에서 10km만 벗어나도 엄청 멀게 느껴져 선뜻 나서기가 꺼려진다. 그래서 8개월이라는 긴 시간을 제주에 머물면서도 서귀포시에 다녀온 게 한 손으로 꼽을 정도다.

예전에 짧게 제주 여행 다닐 때는 하루에 동서남북을 횡단하면서 일출은 여기서, 일몰은 저기서 최고의 포인트만 찾아 아침 일찍부터 저녁 늦게까지 특별한 곳을 향해 부지런히 쫓아다녔는데, 지금은 거의 제주시를 벗어나지 않고 있고, 그것도 북동쪽에만 머물고 있다. 그냥 우리 집 베란다에서 본 일출이나 일몰도 아름답고, 우리 동네 해변, 우리 동네 오름만 올라도 특별한 풍경이 펼쳐지니 굳이 멀리까지 다녀올 필요를 느끼지 못하고, 시간이 갈수록 점점 더 행동반경이 짧아지고 있다. 어디에 머물든 이곳은 특별한 제주도니까!

그런데 오늘은 집에서 서쪽으로 40km나 떨어져있는 금능 해변을 1시간 이상을 달려 찾아왔다. 우리 집 근처에도 좋은 해변은 많은데 굳이 왜 여기까지? 나에게 금능 해변은 특별하다. 예전에 짧게 제주 여행을 다닐 때면 마지막 날에는 늘 금능에서 여행을 마무리하곤 했다. 왜 금능 해변이 그토록 특별했을까?

해질 무렵 금능 해변에 도착하니 눈앞에는 동화 같은 풍경이 펼쳐진다. 바로 이거거든! 말하지 않아도 그냥 여기 서는 순간 그 특별함이 딱 느껴지는 곳. 제주의 어느 해변에도 뒤지지 않을 만큼 물빛이 고와서도 아니고, 모래밭이 넓어서도 아니다. 바로 코앞에 동화처럼 앉아 있는 저 비양도라는 섬 때문이다.

내가 동경했던 생텍쥐페리의 〈어린 왕자〉. 그 〈어린 왕자〉에 등장하는 코끼리를 삼킨 보아뱀. 금능 해변 앞에 얌전히 앉아 있는 비양도를 보면 늘 그 보아뱀이 생각났고, 어디선가 어린 왕자가 지켜보고 있을 것만 같았다. 늘 동화 같은 상상을 하게 만드는 이곳이 그래서 특별해진 거다. 어쩜 저렇게 보면 볼수록 코끼리 한 마리가 배를 깔고 엎드려 있는 것처럼 보이는지! 가만 보아뱀의 머리는 어디 있더라?

모처럼 찾은 금능 해변은 걸어서 비양도까지 갈 수 있을 만큼 모래밭이 훤히 드러나 있다. 때마침 썰물 때라 해변을 거닐기에는 최적의 상태다. 폭신폭신 모래밭을 물 만난 고기마냥 자유로운 내 두 발로 지치도록 누벼준다. 슬리퍼랑 함께 첨벙첨벙 첨벙첨벙.

맨발에 닿는 모래밭의 요 멋진 촉감이란! 아, 시원하다. 발이 시릴 줄 알았는데, 생각보다 따스하다.
꾸물꾸물 기어가는 아주 작은 고동 한 마리, 덩그러니 놓여 있는 미역 하나, 요 녀석들 뭐야? 집에 가져가서 국 끓여 먹을까? 아니, 아니야. 너희는 여기가 더 잘 어울려.
비양도를 향한 모래밭이 얼마나 보드라운지! 꾸불꾸불 꾸불꾸불 잔잔한 파도가 만들어놓은 모래 물결이 그림처럼 아름답다. 이제 비양도가 손에 잡힐 듯 가까워진다.
안녕~ 비양도,
안녕~ 보아뱀,
안녕~ 코끼리,
안녕~ 어린 왕자.
모두모두 안녕?
출렁이는 바다빛은 왜 이렇게도 예쁜 거야? 눈을 뗄 수가 없으니 어쩌면 좋아. 쉴 새 없이 밀려드는 파도와 장난치듯 걸어본다.
어느새 금능의 모래밭이 황금빛으로 물들어가고 오늘의 태양이 금능 마을 너머로 서서히 잠기고 있다. 이렇게도 예쁜 노을을 다시 만날 수 있을까? 올해 만난 최고의 노을. 카메라 앵글 속에 잡힌 모든 장면이 그야말로 그림처럼 예쁘다. 40km를 달려온 보람이 느껴지지? 역시 금능은 특별해. 왠지 오늘은 좀 더 특별함을 내게 선물해주고 싶은 그런 날이었거든.
가끔씩 이런 특별함, 좋지?

SPRING
제주도의 봄

SUMMER
제주도의 여름

AUTUMN
제주도의 가을

WINTER
제주도의 겨울

D+243

무제 03

바람을 쫓아 떠나온 지 243일. 그래, 그렇게 간절히 원하던 바람은 잡았나?

누군가 그러더라. 바람은 잡을 수도 없고, 될 수도 없는 거라고. 첨엔 말도 안 되는 소리라고 부정했지. 아니, 도저히 그 사실을 인정할 수 없었어.

그렇게 시간이 흘러흘러 이백 일이 지나고 또 사십 일이 훌쩍 지났네. 아직도 호기심 가득한 내 안의 꼬마는 까치발로 세상 구경하느

라 바쁘지만, 바람, 그 강렬했던 유혹으로부터 조금은 자유로워진 것 같아. 어쩔 수 없던 오른발의 얽매임이 약이 되었던 것 같아. 이젠 떠남에 대한 갈증에서도 머묾에 대한 갈등에서도 한결 자유로워졌지. 물론 아직도 세상의 틀에 갇혀 사는 게 자신 없지만, 새록새록 머묾에 대한 관심이 돋아나면서 바람과 머묾 사이에서 타협 중이랄까? 어쩌면 이곳 제주가 내게 건넨 최고의 선물 같아. 앞으로 또 어떤 길을 만나고, 어떤 선택을 할지 모르지만, 늘 그래 왔듯이 내 맘이 시키는 대로, 진정 내 맘이 행복해지는 그런 선택을 하는 삶이 되길 바라.

© JUN

D+249

내 나이는 올해도 써디원

며칠 전, 화실에서 그림 그리는 사람들과 생일에 대해 이야기를 나누다가 알게 된 놀라운 사실, 그 자리에 앉은 사람 중 딱 한 명만 빼고 모두 가을에 태어났단다. 같은 주에 두세 명, 심지어는 같은 날 생일인 사람도 있고, 지난주에 이어 이번 주, 그리고 다음 주까지 생일이 이어져 있다. 서로 다른 공간에서 다른 일을 하다가 그림이라는 공통점으로 만나게 된 사람들. 그 사실 하나만으로도 우린 대단한 인연이라고 생각했는데, 서로 태어난 날까지 이 멋진 가을에 연이어 있다니, 너무나도 신기하고 기막힌 인연이 아닐 수 없다.

우리는 생일이라는 또 하나의 공통점으로 순식간에 좀 더 끈끈한 마음이 되어 이 계절, 가을 태생에 대한 이야기를 나누었다. 특히 전갈자리에 대해 집중 해부. 누군가 전갈자리는 성격이 변태 같다고 말하니까 서로 좋아서 막 웃는다. 우리 그림 그리는 사람들은 왜 변태, 사이코 이런 소리를 들으면 욕이 아닌 칭찬으로 듣는 걸까? 또 누군가 전갈자리 태생은 예술가가 많다고 한다. 아님 말고. 또 좋아서 맞장구를 쳤다.

열두 개의 별자리 중 여덟번째 별자리인 전갈자리10. 23-11. 21, 그 전갈자리 태생 성격에 대해 누군가 검색된 글을 읽어주는데 그 이야기를 듣고 완전 공감되어 고개를 끄덕였다.

> 사람들은 전갈자리 사람을 볼 때 전갈의 꼬리에 달린 독침을 생각하고 두려움을 느낄지도 모른다. 그러나 전갈자리 사람이 위험인물이라는 생각은 편견이다. 전갈자리 사람에게 충고를 구할 때는 마음을 단단히 먹어야 한다. 이들이 해주는 조언은 적나라하고 잔인하니까. 아첨의 '아'자도 모르는 사람으로 청백리와 같다. 전갈자리 사람에게서 칭찬을 받는다면 그것은 믿어도 좋다. 전갈자리 사람은 친구를 고르는 데 무척 까다롭지만, 일단 친구가 되면 성실하게 챙겨준다. 남에게 받은 친절이나 선물은 꼭 기억하고 자신도 거기에 알맞은 대우를 한다. 말하자면 남에게 받은 상처도 기억한다는 뜻이다. 전형적인 전갈자리 사람이라면, 복수를 꿈꾸며 며칠 밤을 뜬눈으로 지새우기도 한다.

하하. 어쩜 나랑 이렇게 똑같지? 나는 절대 마음에 없는 말을 하지 못하고, 마음에 있으면 반드시 해야 하는 그런 사람이다. 동시에 여러 명의 친구를 사귀지 못하고, 딱 몇 명만 손잡고 지구 끝까지 파헤칠 정도로 깊게 사귄다. 게다가 은근 소심쟁이다. 그런데 나 말고도 이런 성격을 가진 사람이 이 지구상에는 많나보다. 문득 나랑 비슷한 감성을 지닌 이 가을의 소중한 인연이 더욱 특별하게 생각되는 순간이었다.

Today's my birthday.
지난 주말 서울 올라간 길에 가족이랑 친구들 만나 생일파티를 미리 하고 내려왔지만, 정작 오늘은 나 혼자다. 주말도 아닌 평일에 고작 생일이라는 이유로 제주섬까지 내려오라고 할 순 없는 일이니까. 새삼 제주섬이 왜 특별섬인지 실감하게 된다. 아무 때나 쉽게 드나들 수 없는 그런 섬, 그 특별섬에 지금 내가 살고 있구나.

어쨌든 생일 축하해!

영원히 써디원처럼 살고픈 녀석. 31, 도대체 그날이 언제였는지 셀 수 없을 만큼 어마어마한 시간이 흘러버렸지만, 그날 이후로 매년 생일 때 내 생일 케이크의 촛불은 써디원으로 고정. 나이 먹는 게 싫어서도 아니고, 그때로 돌아가고파서 그런 건 더더욱 아니다. 그때의 그 파워풀하고 아름다웠던 열정으로 영원히 살고프기 때문이랄까? 영원히 써디원의 뜨거운 열정으로 살고프다.

D+252

한라산이 그리운 날

안녕, 한라산?

눈뜨자마자 거실 유리창을 가득 채우고 있는 한라산을 향해 아침 인사를 건넨다. 오늘도 너는 안녕하구나? 난 안녕 못 해. 네가 보고 싶어 마음의 병이 생길 것 같아. 언제쯤이면 널 만나러 갈 수 있을까? 사제비동산도, 만세동산도, 윗세오름도, 백록담도 모두 모두 그립다. 벌써 몇 개월째 바라만 보고 있으려니 가슴이 먹먹하고 눈이 뜨거워져.

어떻게든 좀 더 가까이 보고 싶은 마음에 어승생악으로 달려간다. 1시간이면 오를 수 있는 어승생악. 오른발, 이 정도는 괜찮겠지? 가을 햇살 참 곱다. 알록달록 예쁘게 물든 단풍잎 사이사이로 다소곳이 내려앉은 햇살이 어쩜 이리도 아름다운지. 잠시 한라산 생

각도 잊어버리고 황홀한 숲속 풍경에 한껏 취해본다. 하늘도 예쁘고, 나무도 예쁘고, 내 두 눈에 들어오는 모든 것이 다 예쁘다. 목을 젖혀 시간 가는 줄 모르고 올려다본다.

아궁, 고개 아파. 다시 한라산 생각에 한 걸음 한 걸음. 어느덧 파란 하늘이 보이고, 우와, 정상이다. 해발 1,169m 한라산 중턱에 자리잡은 어승생악.

탁 트인 전망이 압권이다. 안타깝게도 시야는 흐릿하지만 서쪽의 한림부터 제주시가지와 공항을 지나, 동쪽의 조천까지 제주도 절반의 해안과 내륙이 훤히 내려다보인다. 백록담처럼 호수를 품고

있는 녀석. 물이 말라서 흔적만 남아있지만 역시 너는 오름의 군주라고 불릴 만큼 멋져.

드디어 한라산 봉우리와 반가운 해후. 녀석을 이리 가까이 보니 울컥해진다. 백록담아 잘 있는 거지? 손을 뻗어 봉우리를 쓰담쓰담. 윗세오름, 만세동산, 사제비동산, Y계곡, 어리목계곡과도 반가운 눈인사를 건네고, 한라산에서 불어오는 향긋한 가을바람에 푹 취해본다.

아, 좋구나. 이렇게라도 가까이에서 볼 수 있어 참 다행이다.

보고 싶다! 한라산.

어승생악에서 바라본 한라산

D+256

외유 03_입원

가느다란 호수관을 타고 붉은 피가 서서히 스며들고 있다. 묘한 기분이다. 생면부지 누군가의 혈액이 내 안으로 들어오는 이 느낌, 태어나 처음으로 수혈을 받는다.

이번 달만 서울에 있는 병원에 벌써 두번째 입원. 건강만큼은 자신 있었는데, 발을 다치고 욕심껏 움직이지 못하다보니 마음도 무겁고, 식욕도 사라지고. 영양실조와 극심한 빈혈이란다.

그래도 오늘 아침은 어제보다 낫네. 기분도 한결 나아졌다. 다시 살고 싶다는 욕망도 꿈틀거리고, 제주의 하늘도 보고 싶고, 자유로운 바람도 느끼고 싶고, 따스한 햇살도 만지고 싶다. 며칠 전 만난 어승생악의 단풍잎이 눈에 선하다. 가을 햇살에 눈부시게 반짝거리던 녀석들. 그 녀석들의 햇살 샤워가 무진장 부러운 날이다. 얼른 일어나 제주로 날아가야지?

그만 자야겠다. 병원에 누워있으니 잠자는 일 외엔 달리 할 일이 없다. 그래도 감사해야지. 무사히 깨어나고, 다시 잠들고, 또 깨어날 수 있음에 감사해야지. 사랑하는 사람들을 다시 볼 수 있고, 내가 꿈꾸는 풍경을 다시 그릴 수 있음에 감사해야지.

내일 퇴원하면 밥도 잘 먹고, 잠도 잘 자고, 더욱 건강해져야겠지? 회복되는 대로 진짜 여행을 떠나야겠다.

D+273

외유 04_오사카

그림책을 보고 모으는 취미가 있다. 내가 그림을 그리게 된 계기도 그림책 때문이었고, 나의 미래도 그림책과 닿아 있길 희망한다. 요즘 내가 주목하고 있는 작가는 이세 히데코 씨다. 〈나의 를리외르 아저씨〉 〈커다란 나무 같은 사람〉 〈그 길에 세발이가 있었지〉 등을 보면서 그녀의 맑고 투명한 수채화에 푹 빠져버렸다. 특히 내가 좋아하는 나무 그림을 어찌나 담백하고 맛깔스럽게 담아 놓는지, 왠지 닮고 싶은 분이랄까? 그녀의 그림에서는 내가 좋아하는 향기가 풍긴다.

그래서 수시로 그녀의 신간이나 관련 뉴스를 검색해서 보는데, 최근에 본 그녀의 그림책이 마음속 깊이 콕 박혀버려서 그녀의 그림 세계에 대한 동경이 더욱 깊어져버렸다. 그녀의 고향인 일본에 가면 그녀의 그림들을 더 많이 만나볼 수 있지 않을까?

마침 여행지를 물색하고 있는데 이참에 겸사겸사 오사카에 다녀와야겠다.

오사카는 첫 여행 때 골목골목 너무나도 정갈했던 게 인상 깊었는데 역시나 깔끔하다. 어느 나라를 여행하든지 그 도시에 가면 제일 먼저 미술관이나 서점을 찾아가는데, 이번에는 운 좋게도 오사카에 도착하자마자 호텔 근처 신사이바시心斎橋 상점가에서 그림책서점을 발견했다. 그냥 서점도 아니고, 그림책서점이라 더 반갑고 기대되었다. 역시 난 행운아야. 특별한 스케줄이 없는 여행이라 원한다면 하루 종일 서점에 욕심껏 머물러도 된다고 생각하니 서점에 들어서면서부터 들떠서 콧노래가 저절로 나온다.

그림책서점 아더ARDOUR는 1층과 2층으로 나뉘어 있는데, 수집해 놓은 그림책의 규모가 꽤 큰 것 같다. 1층으로 들어서니 제일 잘 보이는 곳에 올해의 신간, 주목할 만한 그림책, 수상 이력이 있는 그림책 위주로 디스플레이가 되어 있다. 내가 엄청 좋아하는 〈토끼의 결혼식〉도 보이고, 국내에서 출판된 다른 책도 꽤 많이 눈에 띈다. 하긴 일본 그림책은 워낙 유명하니까.

1층을 둘러보고 2층으로 올라오니 지키는 직원도 한 명 없고, 손님은 나 혼자뿐이다. 혼자서 느긋하게 눈치 보지 않고, 이 책 저 책 꺼내보면서 그림책 삼매경에 빠져본다. 책을 한 권 한 권 꺼내볼 때마다 오사카로 여행오길 참 잘했구나, 흐뭇해서 히죽거리고 행운처럼 그림책서점을 발견하게 된 게 신기하고 좋아서 또 히죽거린다.

그런데 이 많은 책 중에서 이세 히데코의 책은 어디 있지? 불행히도 일본어를 모르는 나, '이세 히데코いせひでこ'라는 그녀의 일본어

이름만 알뿐, 나머지 글자는 하나도 읽을 수가 없다. 일일이 그림책을 꺼내서 표지를 확인하거나 책장을 넘겨봐야 하는데, 그러면 시간이 너무 오래 걸릴 것 같아서 아래층 직원에게 도움을 요청한다.

수줍은 미소를 띤 그녀는 앳된 아르바이트 학생 같아 보였는데, 영어는 전혀 모르고 오직 일어밖에 못해서 난감했다. 스마트폰에 다운받은 일본어 통역기에 문장을 입력해서 보여주고, 인터넷에서 검색한 이세 히데코의 사진과 그림책을 보여주면서 찾고 싶다고 했더니, 그제야 자신 있게 웃으며 책장 여기저기에 숨어있는 이세 히데코의 책을 신속하게 꺼내 한 아름 안겨준다.

우와, 흩어져 있는 이 많은 책을 어떻게 이리 빨리 찾지? 그녀의 신속함과 친절함에 몇 번이나 감사하다는 인사를 건넨다.

그녀는 다시 1층으로 내려가고, 홀로 남은 내게는 이세 히데코의 책이 선물처럼 가득 안겨있다. 아, 이렇게 행복한 순간이! 너무 좋아서 눈물이 날 것만 같다. 〈나의 를리외르 아저씨〉 〈나의 형 빈센트〉 〈커다란 나무같은 사람〉 〈구름의 전람회〉 등 이미 우리나라에서 출간된 그림책이 대부분이었는데, 낯선 신간이 두 권이나 보여서 순간 내 심장도 눈도 엄청 뜨거워진다. 와우! 완전 감동.

책 표지를 보니 〈Peintre〉라고 쓰여 있는데, 이게 도대체 어느 나라 말이지? 순간 그녀가 프랑스에서 주로 활동한다는 기사가 생각나서 검색해보니 〈Peintre〉는 불어로 〈화가Painter〉라는 뜻이다.

책장을 넘겨보니 그녀의 전작에 등장하는 낯익은 주인공이 여기저기 숨어있다. 글씨를 몰라서 정확한지는 모르겠지만 만국공통어 그림을 보면서 유추 해석해보니, 이 작품은 이세 히데코 그녀가 그동안 걸어온 자기 자신의 발자취를 돌아보고, 화가로서의 여정, 고뇌 등을 정리해놓은 것 같다.

어떤 분야에서건 창작의 고통은 참 고달픈 것이지만 참으로 달콤하고 아름다운 것이기도 한, 그 고통을 이겨낸 자만이 느낄 수 있는 뿌듯함, 성취감, 행복함이 묻어나는 그림책이다.

이세 히데코의 일본판 그림책을 모두 소장하고 싶었지만 우리나라에 비해 그림책 가격이 워낙 비싸서 이미 가지고 있는 책은 제외하고, 국내에 출판되지 않은 책만 구입했다. 그토록 만나고 싶던 이세 히데코의 따끈따끈한 신간을 들고 나오니 세상을 다 가진 듯 마음이 황홀하고 뿌듯해진다. 역시 꿈을 꾸면 이루어지는구나.

언젠가는 나도 내가 그린 그림으로 남녀노소 누구나 볼 수 있는 편안한 그림책을 만들고 싶다. 특별한 소수만 감상하는 그림이 아닌, 누구나 쉽게 감상하는 평범하면서도 아름다운 그림이 담긴 그런 그림책!

WINTER

D+282

나도 밭담처럼 바람처럼

12월 첫날부터 바라만 보기에는 너무 아까운 날씨가 가슴을 설레게 한다. 이런 날에는 하늘도, 바람도, 햇살도 마음껏 취할 수 있는 올레 트레킹이 좋다. 집에서 가깝고 익숙한 올레 21코스 어때? 좋아좋아.

21코스의 시작점인 제주해녀박물관에 도착하니 제법 바람이 시리다. 새파란 하늘에 하얀 뭉게구름이 두둥실, 해맑은 제주의 하늘

은 겨울에도 참 예쁘다. 도시 생활을 할 때는 바빠서이기도 하지만, 이런 청명한 하늘을 만날 수 있는 날이 그리 많지 않았는데, 제주에서는 흐린 날과 비오는 날을 제외하면 '청명하다' '새파랗다' '예쁘다'는 말을 남발케 하는 날이 참 많다. 그래서 좋다. 더 많이 맑아서, 더 많이 아름다워서, 더 많이 예뻐서.

하수리 면수동 마을 올레길을 지나니 드넓은 들판이 펼쳐진다. 와우, 온통 초록 밭이다. 이게 다 뭐지? 무와 당근이잖아? 겨울이라고 하기에는 믿기지 않을 만큼 싱그러운 풍경이다.

그리고 이어지는 밭담 길, 거대한 초록을 가르고, 모으고, 묵묵히 앉아 있는 밭담. 밭담의 검은빛이 초록빛 당근밭과 대조를 이뤄 묘한 분위기를 자아낸다. 울퉁불퉁 꼬불꼬불 밭담, 흙길 위에 그려진 밭담의 검은 그림자까지도 어쩜 이렇게도 아름다운지!

그런데 참 신기하지? 바람이 아무리 많이 불어도 이 밭담은 쉽게 무너지지 않는다. 도대체 어떻게 쌓았기에 이렇게도 견고하게 버티고 있을까? 거무튀튀하고 투박스러운 돌을 만져보니 숭숭숭 구멍이 뚫려 있다. 숭숭 구멍 뚫린 돌과 돌 사이에도 또 다른 구멍이 숭숭 뚫려 있다. 그래, 바로 이거야. 워낙 울퉁불퉁하게 생겨서 쌓아올리면 서로를 붙잡아주고, 사이사이 구멍도 만들어주는 현무암! 바람이 불 때마다 철벽 수비로 바람과 맞서 싸우기보다는 여기 숭숭 뚫린 길이 있으니 마음껏 지나가도 좋다며 인심 좋게 바람을 맞이해주었던 거지. 바람과 맞서지 않고 바람의 공격으로부터 살아남는 방법, 오호 이게 비법이었구나.

아름다운 밭담에서 척박한 제주의 자연환경에 순응하며 견뎌내는 제주인의 지혜가 엿보인다. 제주도는 돌 많고, 바람 많고, 여자 많은 삼다도三多島라 널리 알려져 있지만, 예전에는 바람도 많고, 비도 자주 오고, 현무암 토양 탓에 가뭄도 심해서 수재水災, 한재旱災, 풍재風災, 세 가지 재해가 끊이지 않는 삼재도三災島라는 별명으로 불렸다고 한다.

지반의 특성상 비가 오더라도 빠른 시간에 땅 속으로 모두 스며들기 때문에 논농사를 지을 수가 없고 밭농사에 의존하며 살아야 했고, 밭이라고 해봤자 척박하기 이를 데 없는데다가 늘 바람의 피해를 입을 수밖에 없는 구조다보니 피해를 최소화하기 위해 밭담도 쌓게 되었을 것이다. 이 척박한 땅을 이렇게 일궈내기까지 얼마나 많은 땀을 쏟아내고 인내의 세월을 보내야 했을까?

때론 직선으로, 때론 곡선으로 제주의 들판에 끝없이 펼쳐진 검은 밭담, 세상 그 어떤 예술 작품보다도 더 숭고하고 아름답게 느껴진다. 이렇게 묵묵히 견뎌온 아름다운 제주섬이 오래오래 잘 보전되어야 할 텐데….

쉴 새 없이 불어오는 바람이 밭담을 지나 파릇파릇 당근잎을 간지럽히고 저 멀리 흘러간다. 그래, 바람은 붙잡을 수 없는 거야. 그렇다고 가둬둘 수도 없는 거지. 그냥 순리대로 이렇게 자연스레 흘러가도록 두면 되는 거야.

벌써 10개월째로 접어들고 있는 제주 머묾. 2개월 후에 떠나야 하나? 더 남아 있어야 하나? 초조해하지 말자. 그냥 이렇게 바람 따라 흘러가보자.

D+293

올해 최고의 보물

맑은 햇살과 상큼한 바람 향기가 그리워지는 날, 오늘은 어디로? 그동안 가보고 싶었지만 선뜻 내키진 않으면서 계속 생각났던 곳, 교래 곶자왈로 가볼까? 워낙 우거진 숲이라고 들어서 여름과 가을에는 무서운 뱀을 만나게 될까 두려워 꺼리던 곳이다. 이제는 겨울이니깐 용기를 내봐도 되겠지?

교래 곶자왈 산책로로 들어서니 입구에서는 상상조차 할 수 없던 원시림이 펼쳐진다. 하늘이 보이지 않을 만큼 빽빽하게 우거진 숲길에, 켜켜이 쌓인 나뭇잎이 걸음걸음 폭신폭신 편안함을 선물해준다. 울창한 숲길을 지나니 이내 뻥 뚫린 하늘이 나타나고, 숨 막히게 고운 새파란 하늘 아래 넓은 초원이 펼쳐진다.

와우, 저 녀석은 도대체 뭐지? 초원에 봉긋 솟은 봉우리 하나, 큰지그리오름이다. 이 겨울에 어쩜 저렇게 다채로운 빛깔을 뿜어낼 수 있지? 마치 솜씨 좋고 감각 있는 디자이너의 신상 옷을 입은 듯, 한 번도 상상해본 적 없는 나무 빛깔의 조합에 입이 다물어지질 않는다. 검은빛이 감도는 진초록빛, 짙은 회색과 보랏빛, 올리브그린, 다양한 번트 계열의 빛깔까지 참으로 다양한 향기를 품고 있는 녀석이다.

놀라고 또 놀라면서 걸음을 재촉해본다. 가까이 가면 갈수록 궁금증은 더해지고, 서로 다른 종류의 나무가 지그재그 라인으로 서 있는 게 신기해 계속 쳐다보고 또 쳐다본다. 다른 계절에는 또 얼

마나 황홀한 빛깔로 여행자의 가슴을 흔들어놓았을지 이미 지나버린 계절의 아쉬움까지 밀려온다. 발바닥은 어쩜 이렇게 편안 폭신 좋은 느낌인지. 오랜만에 걷는 흙길이라 마음까지 보드라워지는 것 같다.

드디어 큰지그리 입구가 눈앞에 나타나고, 아하! 맨 아래 검은빛이 감도는 진초록빛의 정체는 바로 이 편백나무였구나. 제주도민이 오래 전에 후손을 위해 조림한 편백나무숲. 쭉쭉 뻗은 편백나무숲이 오름의 밑 둘레를 가득 채우고 오름의 중턱까지 비스듬하게 지그재그 라인으로 조성되어있다. 투명하고 구김 없는 햇살 때문인지, 상큼한 바람 때문인지 편백나무숲의 빛깔이 더할 나위 없이 싱그럽다.

우와! 숲길로 들어서니 감탄사가 멈추질 않는다. 어찌나 맑은 햇살이 나뭇가지 사이로 환하게 들어오는지! 눈앞에 펼쳐진 그림 같은 풍경에 취해서 한참 동안을 멍하니 바라본다. 안개 자욱한 날에는, 비가 내리는 날에는 어떤 느낌일까? 다른 계절, 다른 날씨의 멋진 그림까지 상상해보면서 숲길을 음미해본다. 편백나무숲길을 지나니 조금 가파른 오르막이 이어진다. 심장 소리가 요동치고 다리가 조금 후들거릴 만하니 이내 정상 전망대에 도착.

와우!! 여태껏 단 한 번도 본 적 없는 최고의 그림이 펼쳐지고, 나도 모르게 양손 엄지손가락을 치켜들고 앞으로 쭈욱 내밀어준다. 완전 최고! 까치발을 하고 고개를 쭈욱 내밀면 이대로 백록담 속을 훤히 들여다볼 수 있을 것만 같고, 잔설이 남아 있는 장구목과 삼각봉의 아름다운 능선이 선명하게 와닿는다. 그 아래 큼직큼직

놓여 있는 수많은 오름, 다들 어찌 이렇게 가까이 있는 게야? 늘 멀리서 올려다보던 조그만 오름들이 바로 눈앞에서 덩치 자랑을 하며 앉아있으니 세상에 이렇게 신기하고 황홀한 광경이 없다.

이렇게 그림이 환상적인데 햇살 좋고, 바람까지 좋으니 엄지손가락을 수없이 치켜세워도 부족할 지경이다. 이거이거 어쩔 거야. 이렇게 멋진 보물을 이제야 발견하다니! 제주 여행을 하면서 이 정도의 상상 이상의 그림을 만나보긴 처음이라 어떻게 정신을 챙겨야 할지 모를 정도로 기분이 좋아서 헛웃음만 나오고, 다른 탐방객이 올라와 가출한 정신을 챙겨주지 않았으면 몇 시간이나 그렇게 서 있었을 것이다.

걸음을 옮겨 오름 아래쪽을 내려다보니 연달아 쏟아지는 감탄사를 막을 길이 없다. 드넓은 초원이 저 멀리 동쪽 해안까지 펼쳐져 있고, 크고 작은 동북쪽의 오름이 초원 위에 그림처럼 펼쳐져있다.

세상에 이렇게도 매력적인 오름이 있었다니! 도대체 제주도는 나 모르게 보물을 얼마나 더 감춰둔 것이야? 하나하나 찾아내는 재미가 어쩜 이리도 달콤한지! 올 한해 제주에서 발견한 최고의 보물로 기억될 것 같다. 아, 오늘도 참 달달한 날이었노라.

D+297

유비야, 노을 구경 가자

모처럼 하늘도 파랗고, 바람도 구름도 적당해서 저녁노을이 예쁠 것 같은 날이다. 유비야, 노을 구경 가자. 며칠 떨어져 지내서 미안하기도 하고, 기분도 풀어줄 겸 둘이서 집을 나선다.

어딘가로 여행을 떠나거나 며칠씩 집을 비울 때는 유비를 애견호텔에 맡겨야 한다. 가끔씩 서울에 갈 때 이 녀석을 데려가고 싶지만, 국내 항공기의 애완동물 탑승 몸무게 제한에 걸려 비행기를 태울 수가 없다. 보통 케이지 포함 무게가 5kg 미만일 경우에만 기내 탑승이 가능하고, 그 이상일 때는 탑승 자체가 되지 않거나 수화물칸에 태워야 한다.

그런데 유비의 몸무게는 케이지를 포함하면 7kg이 넘는다. 그렇다고 소리에 민감한 이 녀석을 수화물칸에 태울 수도 없어서 한 번씩 육지에 데려가려면 차에 태워 여객선을 이용하는 방법이 유일하다. 그래서 될 수 있으면 며칠씩 집을 비우는 여행은 계획하지 않지만, 어쩔 수 없는 경우에는 호텔 신세를 질 수밖에 없으니, 그럴 때마다 유비에게 미안하다.

모처럼 바닷바람을 맞아 기분 좋아진 유비는 나를 끌고 신나게 뛰어간다. 내가 유비를 데리고 나왔는지, 유비가 나를 데리고 나왔는지 알쏭달쏭. 한적한 늦은 오후의 겨울 바다, 우리가 산책하기 딱 좋은 분위기다. 모래밭에 남겨진 수많은 발자국 위에 우리의 신나는 발도장도 꾹꾹꾹꾹.

썰물에 검은 모래가 얌전히 드러나는 삼양 검은모래해변. 젖은 모래가 거울처럼 반짝거리며 신비한 빛을 뿜어낸다. 왠지 이곳 검은 모래밭에서는 갯벌 내음 가득한 내 고향의 향기가 느껴진다. 빛깔 때문일까? 노을 때문일까?

어느덧 서쪽 하늘이 노랗게 익어가고, 검은 모래밭이 순식간에 황금빛으로 물들어간다. 황금빛 물결 위로 눈부신 햇살이 반짝거리고, 잠시 파도가 침묵을 지킬 때면 잔잔한 호수가 된다. 저녁노을 빛으로 물든 황금빛 호수, 유비도 반하게 만든 황금빛 노을. 한참을 그렇게 둘이서 노을 삼매경에 빠져본다.

안녕! 잘 가. 황금빛 태양이 떠난 검은 모래밭에는 사그라지는 태양빛이 일렁거린다.

아, 오늘도 참 멋진 노을이었네. 유비야, 너도 맘에 들었지? 우리 다음에 또 오자.

D+299

히치하이킹의 대가

눈 쌓인 어승생악 정상에 올랐다가 잔뜩 긴장하며 내려왔더니 다리가 후들후들하다. 주차장에서 내려와 편도 1차선 길을 따라 1100도로로 막 접어드는데, 왕복 2차선에 인도도 없는 도로 위를 위태롭게 걷는 두 사람이 보인다. 뒷모습이 젊은 여성 같은데, 대체 어디를 가기에 이 길을 걷는 거지? 주변에 들를 만한 곳도 없고, 산간도로라 차타기도 쉽지 않을 텐데…. 걱정스러운 마음에 조심조심 옆을 지나가려는데 내 차가 오는 걸 알아보고는 기다렸다는 듯 손을 흔들어 내 차를 세운다. 지금 히치하이킹 하는 겨? 아마도 누군가의 도움이 절실히 필요했나보다.
무슨 일이지? 비상등을 켜고 멈춰 서서 유리창을 내렸더니 외국인 여성 두 분이 애처롭게 바라본다. 영어를 꽤 유창하게 잘하는 그녀는 97번 버스를 타려고 하는데, 버스정류장이 보이지 않는다면서 정류장까지만 태워주면 안 되냐고 묻는다. 이 산간도로에서 대중교통을 이용하기는 쉽지 않을 거라는 걸 잘 알기에, 게다가 남성도 아니고 여성이라 흔쾌히 태워준다. 뒷좌석에 앉은 그녀들은 연신 고맙다고 인사한다.
내려가는 길에 통상적인 질문을 건네니 상하이에서 친구랑 함께 놀러왔고, 내일 제주를 떠나 용평에 갈 계획이라고 한다. 행선지를 물어보니 제주시 탑동에 위치한 O호텔로 가는 길이라고 했다. 마침 나도 집에 가는 길이고, 조금만 우회하면 경유해갈 수 있는 곳이라 호텔까지 태워다주겠다고 했더니 한사코 거절하며 버스정류장에 내려달라고 한다.

그런데 평소 산간으로 올라올 때는 교통이 불편해 늘 자가용을 이용했던지라 버스정류장이 어디쯤인지 도통 알 수가 없다. 갓길에 잠시 차를 멈추고, 제주시내 지도를 보여주면서 지금 현위치와 그녀들의 목적지인 O호텔, 그리고 우리 집의 위치를 각각 가리키며 아주 가까운 거리임을 설명하면서 데려다주겠다고 말했더니 그제야 미안한 듯한 미소로 수락한다.

여행이 즐거웠는지 물었더니 해맑게 웃으며 성산과 중문에 다녀온 이야기를 늘어놓는다. 그리고 제주도가 아름답다는 말도 빼먹지 않는다. 제주에 대한 흐뭇함과 만족감을 듣고 있노라니 왠지 우리 집에 다니러온 손님처럼 느껴져 기분 좋고 뿌듯해진다.

호텔 앞에 그녀들을 내려주니, 갑자기 한 사람만 내려 호텔 안으로 급히 뛰어들어가고 시종일관 유쾌하게 이야기를 하던 그녀는 뒷좌석에 그대로 남은 채 내게 잠깐만 기다려달라고 부탁한다. 무슨 일인지 물었더니 너무 감사하고 너무 미안해서 작은 선물이라도 드리고 싶단다. 손사래를 치며 한사코 괜찮다 말을 해도 그녀는 차에서 내리질 않고 버티고 있다. 5~6분쯤 시간이 흘렀을까? 호텔에서 그녀의 친구가 황급히 뛰어나오며 쇼핑백을 내민다. 진짜 괜찮다고 마음만 받겠다고 거절을 하니, 쇼핑백 안에 빵이 들어있고 너무 작은 선물이라 미안하고 감사하다면서 꼭 받아달라고 간절히 바라본다. 에휴, 더 이상 거절하는 것은 예의가 아닐 것 같아서 잘 먹겠다고 인사하고 그녀들과 헤어진다.

호텔 앞 해안도로를 지나 탑동 사거리, 마침 신호 대기 중에 배가 고파서 그녀들이 건네준 빵을 먹으려고 쇼핑백을 열었더니 중국에서 사왔을 것 같은 낱개 포장된 빵이 가득 들어있다. 앗, 그런데 이건? 빵 봉지 사이에 만 원짜리 지폐 한 장도 들어있었다. 이건 아니지. 순간 바로 돌려줘야 한다는 생각이 들어 차를 돌려 호텔로 뛰어들어가 그녀들을 찾았지만, 이미 사라지고 보이지 않는다. 로비 직원에게 사정을 이야기하고 찾아달라고 부탁했더니 투숙 중인 중국 관광객이 너무 많아서 이름을 알지 못하면 찾기 어렵다고 한다. 하는 수 없이 포기하고 호텔을 나서는데 기분이 영 별로.
낯선 도시로의 여행을 떠날 때면 종종 길을 잃고 누군가의 도움이 필요할 때를 만나게 된다. 내게도 그런 순간이 여러 번 있었다. 아니, 처음 가본 도시에서는 거의 한 두 번씩 그렇다. 그럴 때마다 본인이 가던 길을 뒤로 미뤄두고, 내가 원하는 목적지까지 안전하게 갈 수 있도록 직접 먼 길을 돌아 안내해준 친절한 그 사람들을 나는 잊지 못한다. 그런 순간마다 진심으로 감동했고, 고맙다는 말로 감사의 마음을 전했다.
솔직히 상상 이상의 너무 큰 도움을 받을 때는 사례금을 드리고 싶은 생각이 들 때도 있다. 하지만 나는 잘 알고 있다. 본인이 거주하는 도시에서 낯선 여행자에게 도움을 주는 사람은 어떤 대가를 바라서가 아니라 그냥 순수한 마음으로 도움의 손길을 건넨다다는 것을. 그렇게 도움을 받고 나면, 그 도시와 그 나라가 마냥 친절해 보이고 좋아 보인다. 그때마다 나도 언젠가는 우리나라에서 길 잃은 여행자를 만나면 꼭 도와줘야지 다짐하게 된다.

이곳 제주도는 여행자의 천국이다. 우리나라 여행자도 있지만 외국인 여행자가 정말 많다. 때론 골목을 걷다가 길을 물어오는 여행자도 있고, 급하게 환전소를 찾는 여행자도 있다. 그러면 나도 어떻게든 그들의 문제를 해결해주려고 노력한다. 그리고 그들이 이곳 제주도에서 진심 편안하고 행복한 여행이 되길 바란다. 고국으로 돌아갔을 때 제주도를, 우리나라를 친절하고 아름다운 나라로 기억하길 바란다.

이렇게 여행길에서 주고받는 친절함은 어느 나라 사람이건 비슷한 것 같다. 도움이 필요하면 요청하고, 도움을 받았을 때는 진심을 다해 감사하다는 마음을 전하고. 그걸로 충분한 거 아닐까? 누군가의 대가를 바라지 않는 친절에 사례를 하는 행동은 크나큰 결례임을 테이블 위에 올려진 만 원짜리 한 장이 가르쳐주고 있다.

D+307

겨울이 내린 사려니숲

12월 중순으로 들어서니 맑고 따스한 날보다는 거의 매일같이 흐리고, 바람 불고, 비가 오거나 눈이 흩뿌리는 날씨가 계속 되어서 무거운 날씨에 적응하기가 좀 힘들다. 그래도 하얀 눈 쌓인 제주의 겨울 풍경을 만날 때면 어린아이처럼 금세 기분이 좋아져서 변덕스러운 제주의 날씨에도 관대해진다.

겨울 제주도에서 차량 운행을 하려면 스노우체인은 꼭 챙겨서 다녀야 한다. 해안도로는 폭설이 내리지 않고서야 눈 쌓일 일이 없지만, 산간도로 쪽은 수시로 눈이 내리고 결빙되어 도로가 통제되기 때문이다. 그래서 산간으로 이동하려면 수시로 도로 기상 정보를 체크해보고 움직여야 낭패를 보지 않는다.

초록 향기 가득했던 사려니숲에도 하얀 겨울이 찾아왔다. 늘 많은 사람으로 북적이던 숲길 입구도 한적하다. 붉은 송이길이 아닌 하얀 눈길이라 신기하다. 바람과 함께 다시 눈송이가 나풀거린다. 으윽, 제법 춥다. 코끝도 시리고 손도 시리다.
하얀 눈으로 뒤덮인 계곡에는 초록빛 조릿대가 가득. 하얀 눈과 초록빛의 만남이 왠지 낯설면서도 멋스럽다. 한여름에 화려한 빛깔로 내 마음을 사로잡던 산수국 위에도 하얀 눈발이.
잔뜩 움츠리며 걸어 나오는 사람의 모습에서 추위가 더해지고, 동심으로 돌아가 눈싸움을 하는 어른의 모습에서 겨울의 멋이 느껴진다.
다들 어디로 갔지? 잠시 소란했던 숲길에 나만 혼자 덩그러니.
겨울 사려니숲은 고요하고 한적하고 평화롭다. 봄부터 가을까지 수많은 나뭇잎에 가려 보이지 않던 아름다운 나뭇가지가 제 모습을 드러내고, 하얀 눈밭에 뿌리를 내리고 깊은 겨울잠에 빠진 꿈꾸는 숲. 푸르른 봄이 오면 또 어떤 꿈을 펼쳐 보일지 기대해볼게.
하얀 겨울에도 마음껏 여유를 부리며 실컷 걸어도 좋은 길,
잠깐의 머묾으로 온몸에 에너지가 쑥쑥 충전된다. 그런데 춥다.
애들아, 잘 자. 새 봄에 다시 만나자. 안녕.

겨울 사려니숲

D+313

1월 1일 나의 소원

해안로의 소란스러운 해맞이 불빛을 잠재우고 검푸른 바다 위로 1월 1일의 태양이 수줍게 얼굴을 내민다.
날마다 떠오르는 태양이지만, 날마다 맞이하는 아침이지만, 바로 오늘이기에 더 특별한 시간.
너무 많은 팬의 환호에 우쭐해진 태양은 감춰둔 햇살 본능을 폭발시키고, 우리의 소원이 뜨겁게 첫날의 아침을 물들인다.

나는 내가 가진 모든 것에 만족합니다. 날마다 다른 모습을 보여주는 하늘, 들판을 자유롭게 떠도는 바람, 사계절 감동 주는 나무, 오늘 아침 떠오른 태양. 이 모든 것을 느낄 수 있는 지금 이 순간, 진심 감사합니다.

올 한해도 건강하게 따뜻하게 재미나게 씩씩하게 강인하게 맘먹은 대로 잘살아보겠습니다.

D+ 317

가슴 먹먹하도록 아름다운

아끈 아끈 아끈다랑쉬! 어쩜 이리도 이름이 이쁠꼬. 이름도 생김도 너무 예쁜 녀석. 이리 보고 저리 봐도 너무 귀엽고 사랑스러운 아끈다랑쉬오름. 안녕? 잘 있었니?

다랑쉬오름 주차장에 차를 세우고 아끈다랑쉬오름으로 향하는 길. 아끈으로 오르는 푹 팬 길을 보니 가슴이 시리다. 언제 저렇게 깊게 패었을까? 많이 아팠겠다. 미안하네. 왠지 나 때문인 것 같아서, 친구들만 오면 아끈을 구경시켜준다고 수시로 데리고와서, 가을에 억새가 최고로 예쁜 오름이라고 여기저기 소문내서.

그래도 다행이다. 겨울이 되니 아끈을 찾는 사람의 발걸음이 뜸해진다. 용눈이나 다랑쉬 오름처럼 탐방로가 훼손되지 않게 친환경 매트를 깔아주면 좋을 텐데.

다랑쉬오름 관리자님, 제발 우리 아끈이도 보호해주세요.

우와, 세상에나 잠시 할 말을 잊는다. 너무나도 아름다운 그림에 가슴이 울컥하고, 눈이 뜨거워진다. 지난가을에 봤던 그 보드라운 억새꽃은 다 어디로 간 것일까? 바람 따라 떠난 것일까? 하얀 억새꽃이 떠난 자리에는 메마른 억새줄기만 가득하고 황금빛 펜으로 셀 수 없이 많은 선을 긋고 또 그어 이렇게도 처연한 그림을 그려놓았구나. 너무 아름다워 가슴이 먹먹해진다.

살금살금 살금살금. 발걸음 볼륨을 낮추고 귀를 쫑긋, 억새의 울림에 귀 기울여본다. 아끈을 지났던 수많은 바람의 목소리일까? 황금빛 그림 사이로 바람의 울림이 가득하다.

아끈 아끈 아끈다랑쉬오름, 언제 걸어도 참 묘하게 가슴을 울리는 멋진 녀석. 안녕, 아끈! 다음에 또 올게. 오늘도 고마웠어.

D+325

하얀 백록담

새벽 5시 20분, 알람 소리에 깜짝 놀라 잠에서 깨어난다. 뭐지? 웬 알람? 비몽사몽 알람을 잠재우며 생각해보니, 맞다. 한라산! 며칠 전부터 기상 상황까지 꼼꼼히 체크해가면서 찜해놓은 날이다. 겨울에는 해가 일찍 져서 한라산 백록담까지 다녀오려면 늦어도 7시 전에는 등산을 시작해야 한다.

집 앞 국밥집에 들러 뜨끈한 굴국밥으로 든든히 속을 채워주고, 김밥도 하나 사서 관음사 주차장을 향해 달려간다. 이게 얼마 만에 찾아가는 한라산인가! 벌써 반년이 넘었다. 어둑어둑한 산간도로를 따라 차를 타고 올라가는데 기대와 설렘으로 엉킨 벅찬 가슴을 주체할 수가 없다.

7시, 관음사 주차장은 온통 깜깜. 아뿔싸, 헤드렌턴을 놓고 왔네. 다행히 하얀 눈길이라 많이 어둡진 않다.

한라산아, 내가 왔도다. 이 걸음을 지난 6개월 동안 얼마나 고대하고 또 고대했던가. 백록담을 향한 의욕적인 발걸음에 온몸이 후끈후끈 뜨거워진다. 쿵쾅쿵쾅 쿵쾅쿵쾅, 나 아직 살아있다! 뭐든지 할 수 있다! 내 심장이 심하게 요동치며 소리를 지른다.

본격적으로 시작된 오르막길에 호흡은 더욱 가빠지고, 다리는 후들후들. 점점 체력이 고갈되어 멈춰서길 수십 차례. 숲으로 스며드는 아침 햇살의 기운을 받아 앞으로 앞으로. 하늘 향해 뾰족 솟은 웅장한 삼각봉을 지나, 왕관 쓴 눈의 여왕이 내려다보는 용진

각 현수교를 지나, 늑대 울음소리가 금방이라도 들릴 것 같은 달밤 같은 아침 등산로를 따라 앞으로 앞으로.

야호! 소리 난 쪽을 쳐다보니 저 높은 장구목 비탈길로 미끄러지듯 내려오는 사람들. 말로만 듣던 한라산 산악스키 현장. 와우, 내려오는 사람도 구경꾼도 아슬아슬 스릴 만점. 달밤 분위기를 연출하던 구름이 걷히고, 가슴까지 시원해지는 파란 하늘이 얼굴을 내민다. 우와! 눈앞에 펼쳐진 눈부신 설경에 할 말을 잃고, 행여나 놓칠세라 재빨리 찰칵찰칵.

으악, 이건 또 뭐야? 아슬아슬 위태롭게 내려오는 사람들 뒤로 미끄러져 엉덩방아를 찧는 사람이 수없이 보이고, 아예 앉아서 썰매 타고 내려오는 사람도 부지기수, 거대한 썰매장으로 변해버린 등산로에 올라갈 일보다 내려올 걱정이 앞선다.

새삼 스틱과 아이젠의 고마움을 느끼며 한 걸음 한 걸음 힘들게 올라서는데, 아얏! 미끄러질까봐 아래만 쳐다보고 오른 탓에 머리

쪽에 뻗어있는 나뭇가지를 발견하지 못한 채 그대로 들이받고 말았다. 얼마나 소리가 컸는지, 내려오는 사람들이 놀라서 괜찮으냐고 한마디씩 건네는데 창피해서 아픈 내색도 하지 못하고 욱신거리는 통증을 참은 채 고개만 숙인다.

폭설로 등산로가 좁아져 계속 내려오는 사람들 때문에 올라갈 틈을 찾지 못하고 한참을 기다리고 또 기다리고 어렵게 어렵게 겨우 능선 위로 올라선다.

와우! 수많은 구상나무 눈사람이 고된 걸음을 보상이라도 해주듯 황홀하게 맞이해주고, 정상에 가까워질수록 어마어마한 적설량에 놀라며, 점점 어두컴컴해지는 날씨에 발걸음을 재촉한다. 고개를 들 수 없을 만큼 바람은 점점 더 심해지고, 작년 새해 초 야간산행의 악몽이 떠오르며 으스스 한기가 더해진다.

오후 1시 40분, 한낮인지 한밤인지 구분도 안 될 만큼의 하얀 눈보라를 뚫고 드디어 정상에 도착. 휴우, 눈물 나게 힘든 길이었다. 포기하지 않고 끝까지 올라온 내 자신에게 장하다, 대견하다 아낌없이 칭찬해준다. 아, 이 순간을 얼마나 고대했던가. 수없이 백록담 봉우리를 쓰담쓰담하며 기다리고 또 기다렸다. 오늘도 도도한 백록담, 보이지 않아 섭섭하지만 그 청량한 향기만으로도 감동이다.

안녕, 백록담! 다음에 또 올게.

아쉬운 인사를 건네고 돌아서는데, 거짓말처럼 구름이 걷히고 하얀 백록담이 모습을 드러낸다. 와우!!! 생각지도 못한 선물에 울컥, 신비스러운 광경에 환호성을 내지른다. 보고 있기에 아까울 정도로 눈부시게 아름다운 하얀 백록담!

겨울 백록담

제주도는 예로부터 신화의 섬, 신들의 고향이라고 불렸는데 그 신화의 중심에는 언제나 한라산이 있다. 신선이 사는 산이라고 해서 영주산瀛州山이라고 불렸던 한라산. 옛날 옛적 매년 복伏날이 되면 선녀들이 하늘에서 내려와 이곳 호수에서 목욕을 했다고 한다. 그 때마다 한라산 산신령은 선녀들이 목욕을 마치고 하늘로 올라갈 때까지 북쪽의 방선문 밖으로 내려가 기다려야 했는데, 그러던 어느 복날 미처 내려가지 못한 산신령이 백록담에서 목욕하는 선녀를 보고 말았고, 이에 격노한 옥황상제가 그 산신령을 하얀 사슴으로 만들어버렸다고 한다. 그후 매년 복날이면 흰 사슴 한 마리가 이 못에 나타나 슬피 울었다 하여 흰 사슴의 못, 백록담白鹿潭이라는 전설이 전해진다. 온통 눈으로 하얗게 덮여 있어서 흰 사슴의 전설이 더욱 그럴싸하게 느껴진다.

어찌나 강풍이 센지 백록담을 똑바로 쳐다보기도 어렵지만 백록담의 푸른 향기가 온몸으로 스며들어 뼛속까지 시원해진다. 이대로 계속 서 있으면 하얀 바람이 되어 훨훨 날아갈 것만 같다.

아~ 좋다. 아~ 행복하다. 백록담아, 고마워!

늘 나태해진 나를 혹독하게 훈련시키는 한라산, 오늘도 푸른 에너지를 온몸 가득 충전시켜주며 격려해준다. 어떤 어려운 일이 닥쳐도 다 해결할 수 있을 것 같은 용기가 쑥쑥, 아무리 힘든 일이 있더라도 포기하지 않고 끝까지 가볼게. 충천해진 용기와 자신감을 얻고 백록담과 작별한다.

안녕, 백록담!

D+ 360

외유 05_스페인

살바도르 달리Salvador Dali, 세상 어디에도 없을법한 그의 작품들만큼이나 독특한 미술관을 마지막으로 스페인 여행에서 계획한 미술관을 모두 둘러보았다. 이번 미술관 투어를 하면서 크게 깨달은 게 있다면, 몇 개의 작품만 보고 어떤 작가를 판단하고 선입견을 갖는다는 것은 정말 어리석은 일이라는 것이다. 아는 만큼만 보인다고, 물론 지금도 많이 알고 있지는 않지만 그동안 몰라도 너무 몰랐다. 한 예술가가 세상에게 인정받기 위해 얼마나 많은 노력을 하고, 자기만의 작품 세계를 구축하기 위해 얼마나 다양한 작업을 하는지를.

방금 만나고 나온 달리 또한 그러했다. 이곳에서 본 달리의 작품 중에서 내가 소화할 수 있는 작품은 거의 없었지만 그럼에도 불구하고 그의 수많은 작품을 보면서 달리에 대한 내 이해의 폭도 한층 성숙해진 것 같고, 다양한 현대미술에 대한 흥미와 관심이 돋

피게레스, 달리미술관

아닌 것 같다.

바르셀로나Barcelona 행 열차를 타기 위해 피게레스Figueres 역으로 가는 길, 우리나라 소도시처럼 정겹고 편안한 분위기, 햇살까지 넉넉해서 좋다. 사실 마드리드Madrid와 바르셀로나에서는 충분치 못했던 햇살 때문에 내내 추웠는데, 이곳은 골목길도 넓고 한적해서 어디든 햇살이 골고루 비춰주니 마음까지 포근해진다. 왠지 사람들 인심도 좋을 것 같고, 시간만 있다면 하루쯤 더 머물고픈 인상 좋은 곳이다.

학생들 하교시간인지 플랫폼에는 제법 많은 학생으로 활기가 넘친다. 바르셀로나까지는 2시간, 창밖 구경을 하려고 창가 자리에 앉았는데 투명한 유리가 아니다. 게다가 유리창에 마구마구 낙서가 되어 있으니 밖이 제대로 보이지도 않는다. 멈추는 역마다 벤치, 쓰레기통, 건물, 바닥 등등 온통 낙서로 가득하다. 바르셀로나에서도 느꼈던 거지만 정말 거리에 낙서가 많다. 그런데 그 낙서가 지저분하지도, 보기 싫지도 않고 하나같이 예술이다. 같은 낙

서인데도 어쩜 이렇게 다른 느낌일 수 있지? 어쩌면 여행 내내 멋진 작품만 바라봐서 길거리에서 마주치는 모든 것 또한 다 예술품으로 보이는 것일지도 모르겠다. 하하.

온통 불투명한 그림이 펼쳐져 아쉽긴 하지만, 햇살 가득 안고 달리는 것만으로도 참 좋다. 거의 날마다 살인적인 스케줄로 피곤할 법도 한데, 피게레스에서 새롭게 충전한 에너지 덕분인지 호기심 가득한 내 두 눈은 여전히 똘망똘망, 창밖으로 향하고 있다.

그림을 배우면서 달라진 게 있다면 미술관 출입이 잦아졌다는 것이다. 예전에는 해외여행을 와도 미술관에는 큰 관심이 없었는데, 이번 스페인 여행은 마드리드, 톨레도Toledo, 바르셀로나, 피게레스를 여행하는 동안 거의 모든 스케줄이 미술관에 집중되었다. 이렇게 많은 미술관을 집중적으로 투어해본 것도 처음이고, 거장의 작품을 직접 만난 것도 처음이라 몸은 고단했지만 정말 흥분되고 흥미진진했다.

미술관 문 닫는 시간이 아깝게 느껴질 정도였고, 한 번 미술관에 들어가면 나오고 싶지 않을 만큼 좋았고, 시간만 더 주어진다면 하염없이 머무르고 싶었던 그런 시간, 참 많이 배우고 새로운 앎을 선물 받은 값진 시간이었다.

특히 이번 여행 중 마드리드의 티센보르네미사 미술관Thyssen-Bornemisza Museum에서 특별전시 중이었던 폴 세잔Paul Cézanne의 작품을 만난 건 큰 행운이었다. 책으로만 봤던 세잔의 작품을 실제로 보는데 온몸에 전율이 느껴지면서 눈물이 주르르. 그런 경험은 처음이라 얼떨떨할 정도였다. 그동안 가슴에 와닿지 않던 인상주의 회화에서 얻은 감동이라 더 값진 시간이었다. 머리로는 도저히 이해되지 않고 받아들일 수도 없던 그림을 그냥 가슴으로 자연스럽게 끌어안게 된 시간, 내 안에 자리잡은 거대한 바위를 깨부신 순간이랄까?

사실 그림을 배우게 된 지도 얼마 되지 않았고, 미술교육을 정식으로 받은 적도 없어서 그림에 대한 이해도 부족하고, 그리는 그림도 참 더디게 진행되어 많이 답답했다. 어떻게든 그 좁은 시야를 확장시켜주고 싶은 갈증이 있었는데, 제대로 기회를 만난 것이다. 그냥 막연하게 그림의 세계로 들어가 탐험하다보니 저절로 그 세계가 느껴지는 놀라운 체험이랄까? 그렇다고 지금 내가 미술이나 예술에 대한, 그 세계를 어떻게 정의내릴 수 있을 정도는 전혀 아니다. 아직도 코끼리의 발가락 정도만 보이는 수준이라 여전히 컴컴하지만 그래도 뭔가 조금씩 알아지는 이 순간이 참 좋다.

막연하고 낯선 시작이었는데, 그냥 욕심 하나로 덤벼들어 1년 머묾을 강행해보니 저절로 느껴지는 내 제주 여행처럼, 이번 스페인 미술관 투어 또한 두려움을 뚫고 이곳저곳 모험하며 구경하다보니 저절로 많은 것이 깨쳐지는 그런 귀한 여행이 된 것 같아 참으로 감사하다.

모든 오늘은 어제의 내 선택에 의해 이루어진 것임을, 지금 선택하지 않으면 그 어떤 내일도 만날 수 없음을, 두렵지만 앞으로도 부디 용기 있는 선택을 할 수 있기를, 내가 그린 그림도 더욱 행복해지길, 기도해본다.

FIGUERES
adif

354M
renfe

2

D+365

벌써 1년

벌써 1년. 딱 1년만 머물고 떠날 계획이었는데 막상 1년이 지나고 보니 도저히 떠날 엄두가 나질 않는다.

떠남이 좋아서, 매일매일 마음껏 떠남을 만끽하려고 날아온 제주 섬인데, 언제부터인가 이곳에서 떠남이 아닌 머묾을 반복하고 있다. 떠남에 대한 욕구가 모두 채워진 것은 아니지만 이곳에서의 긴긴 머묾도 나쁘진 않을 것 같다. 이제 정해진 기한 없이 머물고 싶은 날까지 진짜 머묾을 시작해보려 한다.

오랜만에 해안도로를 달려 제주섬의 동쪽 끝에 위치한 지미봉에 올라본다. 탐방로 주변은 여전히 긴긴 겨울잠을 자고 있는 듯하지만, 한발 한발 내딛어 올라가는 땅밑에서는 벌써 향긋한 봄 내음이 스멀스멀. 듬성듬성 소나무 숲 사이로 스미는 늦은 오후의 햇살이 참 곱다.

아!!! 들판에는 벌써 노오란 유채꽃이 여기저기서 꽃망울을 터뜨리며 화사하게 물들어가고, 바다빛은 어쩜 저리도 짙고 푸른지! 화사한 초록빛에 취해, 싱그러운 바람에 취해 한참을 멍하니 바라본다. 이렇게 아름다운 제주섬에 머물기로 결정한 건 참 잘한 일인 것 같아. 언제든 원하기만 하면 이 멋진 자연과 바람을 금방 만날 수 있잖아.

어느새 내 얼굴에도 봄바람 같은 미소가 폴폴, 향긋한 제주의 바람을 마음껏 맞아서인지 바람에 동화된 듯 내려가는 발걸음이 마냥 가볍고 즐겁다. 내 온몸이, 온 마음이 제주섬의 푸른 하늘빛으로, 파란 바다빛으로 씩씩하게 물들어간다.
이제 그냥 여행이 아닌 진짜 여행 같은 삶을 다시 시작해보는 거야. 건강하고, 씩씩하게!
Great, I'm ready!

Epilogue

특별한 1년, 소소한 일상

주체할 수 없을 만큼 커져버린 제주를 향한 그리움을 채워주고자 감행했던 제주 1년 살아보기.
꿈에 그리던 제주도에서 여행 같은 삶을 즐겨보리라 맘먹고 제주에 착륙한 지 벌써 365일, 그리고 또 300일 이상의 시간이 지났다. 여전히 보고 있어도 그리운 제주도지만 1년의 머묾, 더할 나위 없이 행복했고 또 행복하다. 아름답다, 예쁘다, 멋지다, 환상적이다, 좋다, 행복하다… 제주도가 선물해준 풍성한 마음이다.
바다 한가운데 떠 있어서 늘 바람이 불고 맑은 날보다 흐리고 비 오는 날이 더 많은 제주도, 한없이 따사로운 제주의 햇살에 물들고 또 물들어 빈틈없던 마음이 여유로워졌고, 늘 감탄사를 연발케 하는 아름다운 풍경에 취하고 또 취해 빈약한 미소 또한 풍요로워졌다.
이제 강한 바람에 길들여져 회색도시로 다시 돌아가서 몇 년간 전쟁을 치러도 끄떡없을 만큼 심장이 단단해졌다. 때론 눈물 나게 춥고 외로웠지만 후회 없는 선택이었고, 살아보길 참 잘했다.

고작 1년을 살아보려고 집까지 매매한 것은 모험이었지만, 마음 놓고 쉴 수 있는 내 집이 있었기에 시간에 구애받지 않고 여유로운 머묾이 가능했다. 직접 살아보니 1년이라는 시간은 조금 짧고 아쉽게 느껴졌는데, '1년 더'의 시간이 주어진 덕분에 지금 떠나야 한다 해도 미련 없이 떠날 수 있을 만큼 충분한 쉼을 누렸다. 역시 해도 후회 안 해도 후회한다면, 해보고 후회도 안 하는 편이 훨씬 낫다는 생각이다.

제주 1년 살아보기에 대한 원고를 쓴다고 했더니 제주의 구석구석 숨은 곳까지 꼼꼼하게 안내해주는 가이드북 한 권쯤은 나오리라 다들 기대하는 눈치다. 그런데 어쩌나? 지인들은 내가 제주에 대해 굉장히 많이 알고 있고, 숨은 장소까지 모두 가봤으리라 생각하는 것 같은데 전혀 그렇지 않다.

좋아하는 음식에만 손을 대는 편식쟁이 어린아이처럼 1년 이상을 머물면서도 내가 좋아하는 특정 장소 몇 곳만 찾았고, 그외 다른 곳에는 관심조차 가져보지 못했다. 덕분에 제주의 구석구석 가볼 기회는 놓쳤지만 제주 그리움병의 원인이 되었던 한라산이나 사려니숲, 그리고 몇몇 오름을 욕심껏 찾아다니며 계절에 따라 날씨에 따라 달라지는 아름다운 빛깔과 향기를 만끽할 수 있었고, 내내 채워지지 않던 그리움을 충분히 채울 수 있었다.

이제 제주도는 더 이상 '숨은'이라는 단어가 어울리지 않을 만큼 구석구석의 소소한 장소까지 거의 매일 SNS를 통해 업로드되고 있기 때문에 그곳을 알아내고 찾아가는 것은 어렵지 않은 일이 되었다. 그래서 이 책에는 제주의 명소를 구석구석 소개하기보다는 1년이라는 시간 동안 제주에 머물면서 겪었던 소소한 삶의 이야기와 봄, 여름, 가을, 겨울 달라지는 사계절의 풍경을 담아보았다.

여든아홉 살이 되었지만 하고 싶은 일, 배우고 싶은 것이 아직 많습니다. 오래도록 이렇게 사는 기쁨을 만끽하고 싶어요. 산다는 건 정말 멋진 일이니까요.

〈타샤 튜더〉, 2011, watercolor on paper

나는 여전히 타샤 튜더의 행복한 꿈을 꾸고 있고, 지금 이 순간 내가 하고 싶은 일을 하며 살 수 있어서 대단히 만족스럽고 행복하다. 특히 제주에서 누렸던 쉼이 앞으로의 삶에 활력소가 되어 더욱 힘찬 전진을 할 수 있을 것 같다.

제주에서 1년 살아보기, 특별하지만 지극히 평범한 일상의 기록을 책으로 엮을 수 있도록 기회를 주신 이담 님과 미니멈의 허주영 대표님께 진심으로 감사드린다. 늘 행복한 그림을 그리도록 도와주시는 라사임당 선생님께도 감사드린다. 미운 내 모습을 예쁘게 담아준 준에게도, 사랑하는 가족에게도 고마움을 전한다. 그리고 무엇보다 나를 보듬어준 한라산과 제주섬에 감사하다.

지금 제주섬은 아프다. 여전히 해결되지 않은 4 · 3과 강정마을 그리고 중산간 지역의 무분별한 개발 광풍으로 아름다운 자연이 훼손되고 있고, 날이 갈수록 도민들 마음의 상처 또한 깊어지고 있다. 부디 아름다운 제주섬이 있는 그대로의 모습으로 오래도록 보존될 수 있길 기도하며, 4 · 3의 아픈 상처가 하루 빨리 치유될 수 있길, 강정마을에도 평화가 깃들 수 있길 진심으로 기원한다.

JEJU PLACE

내가 사랑하는 그곳

❶ 사려니숲, 날마다 찾아가도 좋아라

단기 여행을 할 때는 제주의 단면밖에 볼 수 없지만, 장기 머묾이 가능해지면 봄 · 여름 · 가을 · 겨울 계절의 변화에 따라 제주의 다양한 모습을 마주할 수가 있다. 특히 계절마다 다채로운 빛깔을 뿜어내는 사려니숲의 사계절을 관찰하는 일은 매우 흥미진진한 일이다. 또한 사려니숲은 날씨에 따라서도 다양한 분위기를 연출하기 때문에 언제든 찾아가 걸어주면 좋은 곳이다.

❷ 바람 맞고 싶은 날에는 용눈이, 다랑쉬, 아끈다랑쉬, 앞오름으로

제주는 바람이 워낙 많은 곳이라 언제라도 어디에서든 바람 맞는 일이 어려운 일은 아니지만, 도심에서 맞이한 바람보다는 탁 트인 들판에서 맞는 바람이 더욱 특별하기에 종종 바람 맞고 싶은 날에는 동쪽에 위치한 사랑스런 오름을 찾아간다. 오름마다 높이가 다르기 때문에 바람의 느낌 또한 달라지는데, 강렬하고 기운 센 바람을 맞고 싶은 날에는 다랑쉬오름이나 용눈이오름이 좋고, 잔잔하고 부드러운 바람이 그리운 날에는 앞오름과 아끈다랑쉬오름이 좋다.

❸ 전망 좋은 곳에 앉아 휴식이 취하고픈 날에는 지미봉, 서우봉, 군산으로

바다와 인접해서 제주의 푸른 바다를 욕심껏 품어볼 수가 있고, 아름다운 해안선과 옹기종기 모여 있는 마을의 지붕, 저 멀리 보이는 한라산과 주변의 수많은 오름, 이 모든 풍경을 누리면서 편안히 휴식을 취할 수 있는 곳으로 강력 추천한다.

❹ 요란한 소리, 스피드가 그리운 날에는 도두봉으로

제주도는 욕심껏 달릴 수 있는 도로가 거의 없는데다가 섬이라는 특성상 때론 답답하게 느껴질 때가 있다. 그래서 가끔씩 요란한 소리를 들으면서 어마어마한 스피드를 느끼고 싶은 날에는 제주공항 활주로가 훤히 내려다보이는 도두봉을 찾는다. 엄청난 소리를 뿜어내며 이착륙을 하는 수많은 비행기의 날갯짓을 보고 있노라면 대리 만족을 느끼게 된다.

❺ 한라산이 그리운 날에는 어승생악, 큰노꼬메, 큰지그리오름으로

한라산이 그리운 날에는 한라산에 오르면 될 일이지만, 날마다 쉽게 오를 수 있는 등산길이 아니기에 가끔씩은 부담스럽지 않게 가까운 오름에 올라가 그리움을 달래며 바라보고 싶은 날이 있다. 단, 조건이 있다. 한라산이 선명하게 보이는 날씨 맑은 날이어야 한다. 제주의 모든 오름이 이 조건을 갖추고 있지만, 그 중 어승생악과 큰노꼬메오름, 큰지그리오름은 더욱더 가까이에서 한라산과 눈맞춤할 수가 있고, 주변 풍경 또한 예술이라 즐겨 찾는 곳이다.

❻ 가끔씩 아름다운 노을에 물들고 싶을 때는 관곶과 금능으로

노을빛이 고운 날이면 제주의 어느 장소에서 봐도 다 아름답고 멋지지만, 시원한 바닷바람을 느끼며 황금빛 노을 풍경을 만끽하기에는 관곶과 금능 해변이 특히 좋다. 관곶은 한라산을 배경으로 물드는 노을이 특히 아름답고, 금능 해변은 비양도 주변을 물들이는 노을이 특히 더 아름답게 느껴진다.

❼ 비 내리고, 안개 자욱한 날에 찾으면 더욱 운치 있는 비자림과 사려니숲

비를 좋아해서 비 내리는 날 걷는 것을 좋아하는데, 비가 내리거나 안개 자욱한 날에는 해변보다는 숲이 더 아늑하고 운치 있게 느껴진다. 날씨 궂은 날에는 너무 한적한 숲으로 찾아가면 무섭기 때문에 사람의 발길이 늘 이어지는 비자림과 사려니숲길이 제격이다. 후두둑후두둑 숲으로 떨어지는 빗방울 소리를 들으며 사그락사그락 붉은 송이를 밟으며 걷는 걸음은 그 어느 때보다 감미롭게 느껴진다.

❽ 여유 있는 드라이브가 하고 싶은 날에는 조천-함덕, 김녕-하도 해안길로

조천-함덕, 김녕-하도 해안길은 아름다운 물빛과 고운 모래밭이 그 어느 곳과 비교해도 뒤지지 않을 만큼 특별하다. 아름다운 풍광을 감상하며 여유 있게 달리다가 마음에 드는 해변에서 욕심껏 머물러도 좋은 구간이다. 특히 해질 무렵에는 하도에서 김녕까지, 다시 함덕에서 조천까지 동쪽에서 서쪽으로 달리면서 노을을 감상하기에 그만인 곳이다.

❾ 제주의 참맛을 느끼고 싶다면 역시 한라산

제주섬의 중심부에 위치한 특별한 한라산, 중산간의 오름을 오르다가도 해안 올레길을 걷다가도 어느 곳에서 봐도 반갑게 인사하는 한라산. 한라산은 가장 강력한 제주스러운 맛을 지니고 있기에 가끔씩 찐하게 걸어주면 더할 나위 없이 좋다. 하루 종일 거칠게 걷고 싶은 날에는 백록담까지 오를 수 있는 관음사와 성판악 코스가 제격이고, 몇 시간만 시나브로 걷고 싶은 날에는 어리목이나 영실 코스가 좋다.

❿ 제주 4 · 3평화공원과 곤을동, 제주에 머물게 된다면 4 · 3에 대한 관심을

제주섬은 아름다운 풍광만큼이나 깊고 깊은 슬픔을 간직하고 있는 섬이다. 제주사람을 좀 더 이해하고 싶고, 제주를 좀 더 사랑하고 싶다면 4 · 3에 대한 앎이 필요하다. 너분숭이 애기무덤, 섯알오름, 곤을동 마을, 제주 4 · 3평화공원에 들러본다면 좋겠다.

네, 지금 행복합니다